ISBN 3-923880-17-0

Tetra Verlag
TetraWerke · Dr. rer. nat. Ulrich Baensch GmbH
4520 Melle 1, Postfach 1580, W. Germany

1. Auflage 1985, 1–12.500
Gesamtgestaltung: Günter Springer, Leer (Ostfriesland)

Wolfgang Staeck – Horst Linke

Amerikanische Cichliden II
Große Buntbarsche

Ein Handbuch für Bestimmung, Pflege und Zucht

Die amerikanischen Cichliden werden in 2 Bänden vorgestellt.
Cichliden I: Kleine Buntbarsche
Cichliden II: Große Buntbarsche

Tetra

Vorwort

Unser Dank gilt

Sven O. Kullander (Naturhistoriska Riksmuseet Stockholm), der in einer Reihe schwieriger Fälle bei der Identifizierung von Fischen half,

Heinrich Maulhardt (Pucallpa) und Erich Hnilicka (Puebla), die uns in Peru und Mexiko mit Rat und Tat unterstützten,

Volker Dost (Berlin), der eine Reihe seltener, von unseren Reisen mitgebrachter Buntbarsche gepflegt und zum Teil erstmals im Aquarium vermehrt hat

sowie Lothar Seegers (Köln), der auf Sammelreisen auch in den schwierigsten Situationen ein geduldiger und verläßlicher Begleiter war.

Berlin, im Juli 1984

Wolfgang Staeck Horst Linke

Titel: Aequidens metae

Vorsatzfoto: Unterwasseraufnahme aus dem Rio Aguabuena bei Tamasopo (San Luis Potosi, Mexiko) mit einer unbestimmten Herichthys-Art.

Nachsatzfoto: Unterwasseraufnahme aus dem Rio Nututun (Chiapas, Mexiko) mit Thorichthys helleri bei der Brutpflege.

Inhalt

Vorwort
Amerikanische Cichliden 9–17

Das biotopgerechte Aquarium für amerikanische Großcichliden 18–22

Die Gattung Acarichthys 22
Acarichthys heckelii 23–25
Acarichthys spec. conf. geayi 26–28

Die Gattung Aequidens 28
Aequidens metae 29–30
„Aequidens“ rivulatus 31–32
Aequidens spec. (Jenaro Herrera) 33–34
„Aequidens“ spec. (Rio Chinipo) 35–36
Aequidens uniocellatus 37–38

Die Gattung Astronotus 38
Astronotus ocellatus 39–40

Die Gattung Biotodoma 41
Biotodoma cupido 42–43

Die Gattung Chaetobranchopsis 44
Chaetobranchopsis australis 45–46

Die Gattung Cichla 46
Cichla ocellaris 47–48

Cichlasoma und verwandte Gattungen 48–49
„Cichlasoma“ (Amphilophus) alfari 50–51
Cichlasoma amazonarum 52–53
„Cichlasoma“ (Parapetenia) bartoni 54–55
„Cichlasoma“ (Theraps) bifasciatum 56–58
Cichlasoma boliviense 59–61
„Cichlasoma“ (Paraneetroplus) bulleri 62–63
„Cichlasoma“ (Herichthys) carpinte 64–65
„Cichlasoma“ (Amphilophus) citrinellum 66–68
„Cichlasoma“ (Herichthys) cyanoguttatum 69–70
„Cichlasoma“ (Parapetenia) dovii 71–72
„Cichlasoma“ (Theraps) fenestratum 73–74
„Cichlasoma“ (Parapetenia) festae 75–76

„Cichlasoma" (Parapetenia) grammodes . . . 77–78
„Cichlasoma" (Theraps) hartwegi . . . 79–80
„Cichlasoma" (Theraps) intermedium . . . 81–82
„Cichlasoma" (Amphilophus) labiatum . . . 83–85
„Cichlasoma" (Theraps) lentiginosum . . . 86–87
„Cichlasoma" (Theraps) maculicauda . . . 88–89
„Cichlasoma" (Parapetenia) managuense . . . 90–91
„Cichlasoma" (Theraps) nicaraguense . . . 92–94
„Cichlasoma" panamense . . . 95–96
„Cichlasoma" psittacus siehe unter Hoplarchus psittacus
„Cichlasoma" (Archocentrus) sajica . . . 97–98
„Cichlasoma" (Archocentrus) septemfasciatum . . . 99–100
„Cichlasoma" severum siehe unter Heros severus
„Cichlasoma" (Theraps) sieboldii . . . 101–102
„Cichlasoma" (Theraps) spec. conf. guttulatum (El Aguacero) . . . 103–104
„Cichlasoma" (Parapetenia) spec. conf. labridens (Tamasopo) . . . 105–107
„Cichlasoma" (Archocentrus) spilurum . . . 108–109
„Cichlasoma" (Theraps) synspilum . . . 110–111
„Cichlasoma" temporale . . . 112–113
„Cichlasoma" (Parapetenia) trimaculatum . . . 114–115
„Cichlasoma" (Theraps) tuba . . . 116–117
„Cichlasoma" (Parapetenia) urophthalmum . . . 118–119
„Cichlasoma" (Theraps) zonatum . . . 120–121

Die Gattung Crenicichla . . . 121
Crenicichla spec. (Rio Chinipo) . . . 122–124

Die Gattung Geophagus . . . 124
Geophagus brasiliensis . . . 125–126
Geophagus daemon . . . 127–128
Geophagus steindachneri . . . 129–130
Geophagus surinamensis . . . 131–133

Die Gattung Gymnogeophagus . . . 133
Gymnogeophagus balzanii . . . 134–135

Die Gattung Heros . . . 135
Heros severus . . . 136–138

Die Gattung Herotilapia . . . 138
Herotilapia multispinosa . . . 139–140

Die Gattung Hoplarchus . . . 140
Hoplarchus psittacus . . . 141–142

Die Gattung Mesonauta . . . 142
Mesonauta festivus . . . 143–145

Die Gattung Neetroplus . . . 145
Neetroplus nematopus . . . 146–147

Die Gattung Petenia . . . 147
Petenia splendida . . . 148–150

Die Gattung Pterophyllum 150
Pterophyllum altum 151–153

Die Gattung Symphysodon 153
Symphysodon discus 154–157

Die Gattung Thorichthys 157
Thorichthys ellioti 158–159

Die Gattung Uaru 159
Uaru amphiacanthoides 160–162

Literaturverzeichnis 163–164

Fotonachweis 164

Die mittelamerikanischen Fischregionen

(verändert nach MEEK, 1904, MILLER, 1966, und BUSSING, 1976)

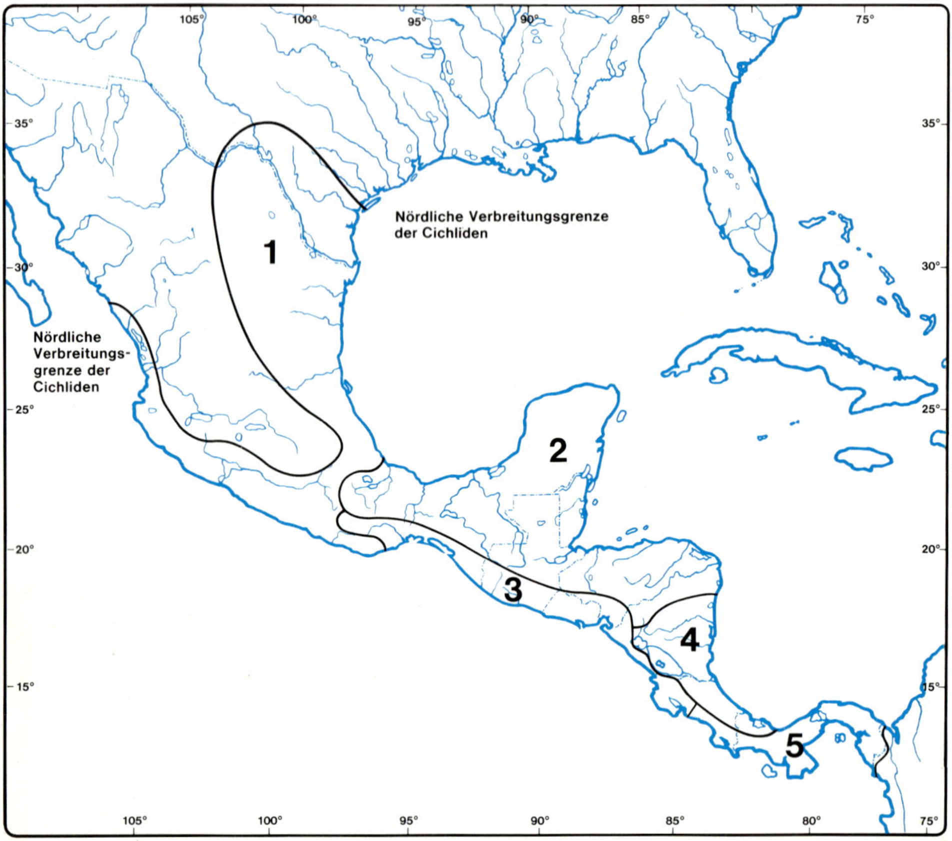

1. Rio Grande-Panuco-Balsas-Region (etwa 15 Cichliden)
2. Rio Papaloapan-Grijalva-Usumacinta-Region (etwa 45 Cichliden)
3. Chiapas-Nikaragua-Region (etwa 12 Cichliden)
4. Rio San Juan-Region (etwa 15 Cichliden)
5. Isthmische Region (etwa 25 Cichliden)

Die nördliche Region, die vor allem das Einzugsgebiet von Rio Grande, Rio Panuco und Rio Balsas umfaßt, wird von den meisten Autoren nicht mehr als mittelamerikanische Fischregion angesehen, sondern zum nordamerikanischen Kontinent gerechnet. In diesem Gebiet ist die „*Cichlasoma*"-Sektion *Herichthys* endemisch, d. h., ihre Verbreitung ist auf diese Region beschränkt.

In den fünf Fischregionen Mittelamerikas sind vier Cichlidengattungen endemisch, nämlich *Petenia* GÜNTHER, 1862, *Neetroplus* GÜNTHER, 1869, *Herotilapia* PELLEGRIN, 1904, und *Thorichthys* MEEK, 1904. Darüber hinaus ist die Verbreitung von sechs „*Cichlasoma*"-Sektionen auf dieses Gebiet begrenzt: *Amphilophus, Archocentrus, Herichthys, Paraneetroplus* und *Theraps*. Von den südamerikanischen Cichlidengattungen sind nur *Aequidens* und *Geophagus* mit je einer einzigen Art in der Isthmischen Fischregion, d. h. im äußersten Südosten, vertreten.

Amerikanische Cichliden

Nach neueren Schätzungen leben wahrscheinlich über tausend verschiedene Buntbarsche auf der Erde, von denen allerdings über 200 noch gar nicht wissenschaftlich beschrieben sind. Aus Amerika sind bis jetzt etwa 280 Arten bekannt geworden. Cichliden sind grundsätzlich tropische Fische, denn Temperaturen unter 20° Celsius werden von ihnen im allgemeinen nicht über einen längeren Zeitraum hinweg vertragen. Die Temperatur des Wassers ist offenbar der wichtigste Faktor, der die Verbreitung dieser Fischfamilie begrenzt. Dieser Sachverhalt erklärt, warum Buntbarsche im großen und ganzen nur zwischen dem Wendekreis des Krebses und dem Wendekreis des Steinbocks auftreten und die größte Artenfülle in den äquatornahen Regionen des Kontinents, das heißt im zentralen und nördlichen Südamerika sowie in Mittelamerika, erreichen, warum sie aber in Nordamerika nicht zu erwarten sind.

Aus Südamerika sind bisher rund 200 Arten und aus Mittelamerika etwa 80 Arten bekannt geworden. Unter den mittelamerikanischen Buntbarschen gibt es rund ein Dutzend Arten, deren Verbreitung auf das nördliche Mexiko beschränkt ist und die deshalb mit einiger Berechtigung auch als nordamerikanische Cichliden anzusehen sind. Eine Spezies, *„Cichlasoma" cyanoguttatum,* kommt sogar in den USA, im südlichen Texas, vor. Die am weitesten nördlich gelegenen Fundorte dieser Art, die zugleich auch die nördliche Verbreitungsgrenze der Buntbarsche auf dem amerikanischen Kontinent bilden, liegen in den Einzugsgebieten des Rio Pecos und des Rio Nueces.

Das Beispiel von „Cichlasoma" (Theraps) bifasciatum zeigt, daß der Name Buntbarsche für die Fischfamilie Cichlidae treffend gewählt wurde.

Auch im Süden des Kontinents gibt es eine Spezies, nämlich *Crenicichla lacustris* (vgl. KULLANDER, 1981), die in Gebieten vorkommt, die weit südlicher als die Verbreitungsgrenzen anderer Buntbarsche liegen. Diese Art wurde in Patagonien, in der Umgebung der Ortschaft Puerto Madryn nachgewiesen, die zwischen dem 42. und 43. Breitengrad gelegen ist. Dort dürfte die südliche Grenze der Verbreitung von amerikanischen Cichliden liegen.

Von den insgesamt rund 280 amerikanischen Arten können etwa 70 als Zwergbuntbarsche angesehen werden, die im ersten der beiden Bände über amerikanische Cichliden mehr oder weniger vollständig behandelt werden. Die übrigen rund 210 Arten sind große Buntbarsche, die das Thema des vorliegenden zweiten Teiles bilden. Bei diesem Sachverhalt ergab sich die Notwendigkeit, daß für die beiden Bände über amerikanische Cichliden verschiedene Grundkonzepte gewählt werden mußten. Während es sich bei dem ersten Teil, in dem die kleinen Buntbarsche behandelt werden, anbot, diese relativ artenarme Gruppe möglichst lückenlos vorzustellen, kann im zweiten Teil nur eine vergleichsweise bescheidene Auswahl der amerikanischen Großcichliden berücksichtigt werden. Dabei wurden die folgenden Auswahlkriterien herangezogen. Einerseits sollen insbesondere Buntbarsche vorgestellt werden, die für die Aquaristik interessant und empfehlenswert sind, andererseits soll aber auch zugleich ein repräsentativer Überblick über die Mannigfaltigkeit der Formen und Lebensweisen gegeben werden, die sich unter amerikanischen Großcichliden findet. Ferner wurde Wert darauf gelegt, daß auch unbekanntere Arten, die während der letzten Jahre erstmals in der Aquaristik auftauchten, und über die bislang kaum Informationen publiziert wurden, in angemessener Zahl vertreten sind. Dabei wurde der Rahmen des Möglichen natürlich durch den vorgegebenen Umfang des Buches bestimmt.

Amerikanische Cichliden sind in der Ichthyologie seit erstaunlich langer Zeit bekannt. Beispielsweise ist *Cichla ocellaris* von BLOCH & SCHNEIDER schon im Jahre 1801 beschrieben worden, und *Johann Natterer's neue Flussfische Brasilien's nach den Beobachtungen und Mittheilungen des Entdeckers beschrieben,* im Jahre 1840 von dem am Wie-

Mittelamerika

ner Museum für Naturgeschichte arbeitenden Ichthyologen Johann Jacob HECKEL publiziert, enthält bereits eine repräsentative Auswahl amerikanischer Buntbarsche. Eine Reihe weiterer Erstbeschreibungen stammt von dem ebenfalls in Wien wirkenden Ichthyologen STEINDACHNER, dessen Publikationen über die „Chromiden Mexikos und Zentralamerikas" im Jahre 1864, über „die Süsswasserfische des südöstlichen Brasilien" im Jahre 1874 und über die „Chromiden des Amazonenstromes" im folgenden Jahr erschienen.

Zwei weitere klassische Standardwerke der Ichthyologie, durch die die Kenntnis über amerikanische Buntbarsche bereichert wurde, veröffentlichte GÜNTHER, der am *British Museum of Natural History* in London arbeitete. Im Jahre 1862 erschien sein *Catalogue of the fishes in the British Museum* und 1869 *An account of the fishes of the states of Central America, based on collections made by Capt. I. M. Dow, F. Godman, Esq., and O. Salvin, Esq.* Im Jahre 1904 folgte eine wichtige Studie über die Biologie und Taxonomie der Cichliden von dem Franzosen PELLEGRIN, die viele amerikanische Arten berücksichtigt.

Eine Revision aller amerikanischen Cichlidengattungen, die zugleich auch eine Art Bestandsaufnahme des bis zu diesem Zeitpunkt angesammelten Wissens über diese Fische darstellt, wurde von dem ebenfalls in London wirkenden Ichthyologen REGAN in den Jahren 1905–1906 veröffentlicht. Im Jahre 1908 folgte von ihm eine kritische Zusammenstellung der bis dahin bekannten mittelamerikanischen Buntbarsche.

In der Folgezeit erschienen die wichtigsten Forschungsergebnisse über amerikanische Cichliden nicht mehr in Europa, sondern in Amerika. Diese Entwicklung begann bereits im Jahre 1898 mit einem Standardwerk über nord- und mittelamerikanische Fische von JORDAN & EVERMANN. In den Jahren 1906 bis 1913 publizierte dann MEEK, der sich auf Sammelreisen mehrfach in Mexiko und anderen mittelamerikanischen Staaten aufgehalten hatte, seine Forschungsergebnisse über die Cichliden dieser Region. HASEMANN veröffentlichte 1911 *An annotated catalogue of the cichlid fishes collected by the Expedition of the Carnegie Museum to Central South America, 1907–1910.* Weitere amerikanische Ichthyologen, die nach dem Ersten Weltkrieg über südamerikanische Cichliden arbeiteten, sind EIGENMANN und FOWLER. HUBBS veröffentlichte Mitte der 30er Jahre Ergebnisse von Forschungsreisen nach Mittelamerika, auf denen die Cichliden besondere Beachtung fanden. In dieser Zeit publizierte auch AHL, der am Zoologischen Museum in Berlin arbeitete, mehrere Beschreibungen neuer Buntbarsche.

Nach dem Zweiten Weltkrieg setzten insbesondere MILLER und BUSSING die Tradition amerikanischer Ichthyologen fort, indem sie in Mittelamerika forschten und – zum Teil zusammen mit anderen Autoren – neuentdeckte Cichliden beschrieben. In Europa beschäftigte sich vor allem der belgische Ichthyologe GOSSE, der König Leopold von Belgien auf mehreren Sammelreisen nach Mittel- und Südamerika begleitet hatte, mit amerikanischen Cichliden. Im Jahre 1975 erschien seine Revision der Gattung *Geophagus.* In den 60er und 70er Jahren unternahm LÜLING, der am Museum Alexander Koenig in Bonn arbeitete, mehrere Forschungsreisen nach Südamerika, auf denen neue Cichliden gesammelt und auch Erkenntnisse über ihre Biologie gewonnen wurden.

In den letzten Jahren hat der schwedische Ichthyologe KULLANDER intensiv an südamerikanischen Buntbarschen gearbeitet.

Tabelle 1:
Beispiel für Schwarzwasser in Peru

pH		6,0
Leitfähigkeit	µS	17
GH	°dH	0,12
Ca	°dH	0,07
Mg	°dH	0,05
KH	°dH	0
Na	mg/l	1,9
K	mg/l	1,1
NO_3	mg/l	1,6
PO_4	mg/l	$<0,1$
Cl	mg/l	7
SO_4	mg/l	n. n.
Zn	µg/l	5
Pb	µg/l	n. n.
Cd	µg/l	n. n.
Cu	µg/l	7
CO_2	mg/l	~1

Die Wasserprobe wurde von den Autoren im Juli 1983 einem Bach bei Jenaro Herrera im Einzugsgebiet des unteren Ucayali entnommen und durch Dr. G. Ritter im Labor der Firma Tetra analysiert.

Das Wasser im Rio Negro (Brasilien), einem typischen Schwarzwasserfluß, ist klar, sieht aber teefarben aus.

Neben einer ganzen Reihe von Erstbeschreibungen neuer Zwergcichliden publizierte er 1980 eine umfangreiche Revision der *Apistogramma*-Arten aus Brasilien und Peru sowie im Jahre 1983 eine grundlegende Revision der südamerikanischen Vertreter der Gattung *Cichlasoma*. Die letztgenannte Arbeit ist von besonderer Tragweite, da in ihr die beiden ursprünglich sehr artenreichen Gattungen *Cichlasoma* und *Aequidens* drastisch verkleinert werden, wodurch die meisten Buntbarsche, die früher jenen systematischen Einheiten zugeordnet wurden, in andere Gattungen überführt werden und daher ihren Namen ändern müssen.

Im Unterschied zu den afrikanischen Cichliden, die in der Mehrzahl Maulbrüter sind, zählen die amerikanischen Vertreter dieser Fischfamilie beinahe ausnahmslos zu den Substratbrütern. Unter den rund 80 mittelamerikanischen Cichliden aus dem Verwandtschaftskreis der Gattung *„Cichlasoma"* gibt es sogar überhaupt keine maulbrütenden Arten. Die rund 15 südamerikanischen Maulbrüter finden sich in den Gattungen *Gymnogeophagus, Geophagus* und *Aequidens* sowie in der *„Aequidens"-syspilus*-Gruppe. Mit der Ausnahme einer einzigen Art, *Geophagus steindachneri,* die zu den spezialisierten ovophilen Maulbrütern zählt, bei denen die Eier unmittelbar nach der Abgabe in das Maul aufgenommen werden und bei denen allein das Weibchen die Brutpflege übernimmt, sind alle übrigen amerikanischen Maulbrüter larvophil. Sie laichen nach Art von Offenbrütern ab, bilden während der Brutpflege eine Elternfamilie und beginnen mit der Maulbrutpflege erst, sobald die Larven schlüpfen.

Fast alle amerikanischen Großcichliden sind typische Offenbrüter. Daneben gibt es aber auch eine kleine Gruppe von Arten, die eine deutliche Tendenz zum Versteckbrüten zeigt. Zu ihr gehören die südamerikanischen *Crenicichla*- und *Batrachops*-Arten sowie die Vertreter der *„Cichlasoma"*-Sektion *Archocentrus* aus Mittelamerika, die einen deutlich ausgebildeten Sexualdimorphismus und -dichromatismus zeigen und während der Brutpflege eine geschlechtsspezifische Rollenverteilung und Arbeitsteilung aufweisen. Ganz wenige Großcichliden, beispielsweise *Neetroplus nematopus* und *Acarichthys geayi,* können als Höhlenbrüter bezeichnet werden. Im Gegensatz dazu gehört die Mehrzahl der bisher rund 70 bekannten Zwergbuntbarsche zu den typischen Höhlenbrütern.

Die meisten amerikanischen Großcichliden sind robuste und widerstandsfähige Fische. Aufgrund ihrer erstaunlichen Anpassungsfähigkeit besiedeln sie eine Vielzahl verschiedenster Gewässer, die sich nicht nur in der Größe und Strömungsgeschwindigkeit, dem Härtegrad und dem pH-Wert des Wassers, sondern auch in der Beschaffenheit des Untergrundes, den Lichtverhältnissen, der Temperatur, dem Angebot an Nahrung und Versteckplätzen sowie den Sichtverhältnissen erheblich unterscheiden. Im Amazonasgebiet werden nach dem jeweils charakteristischen Grad der Durchsichtigkeit und der Eigenfärbung ihres Wassers drei verschiedene Gewässertypen unterschieden, deren Entstehung auf ganz bestimmten geologischen, landschaftlichen und klimatischen Bedingungen beruht. Die sogenannten Schwarzwasserflüsse, zu denen der Rio Negro und der Rio Cururu gehören, besitzen ein klares, durchsichtiges Wasser, das aber tiefbraun, teefarben getönt ist. Diese Farbe wird durch große Mengen von Laub und anderem pflanzlichen Material bewirkt, das während der Regenzeit in die Flüsse gelangt, wenn diese für Monate den umgebenden Urwald überschwemmen.

Die Gewässer des zweiten Typus, die als Klarwasserflüsse bezeichnet werden, und zu denen beispielsweise der Rio Xingu und der Rio Tapajoz gehören, besitzen ein sehr sauberes, durchsichtiges Wasser, das arm an Sedimenten ist und eine grüne bis gelbgrüne Farbe zeigt. Im Gegensatz zu ihnen ist für die Gewässer der dritten Gruppe, die sogenannten Weißwasserflüsse, zu denen der Rio Solimoes und der Ucayali zählen, ein hoher Gehalt anorganischer Schwebestoffe charakteristisch, der ihnen ein trübes, lehmgelbes Aussehen verleiht und die Sichtweite häufig auf wenige Zentimeter verringert. Selbstverständlich sind diese drei Gewässertypen nicht immer in idealer Form anzutreffen, sondern es gibt zwischen ihnen auch alle nur erdenklichen Mischformen. Grundsätzlich ist für die Gewässer Amazoniens charakteristisch, daß sie pH-Werte im leicht bis deutlich sauren Bereich aufweisen und extrem arm an gelösten Mineralien sind, d. h., sowohl ihre Gesamt- als auch ihre Karbonathärte sind äußerst niedrig. Am deutlichsten sind diese Merkmale im Schwarzwasser ausgeprägt. Damit hängt zusammen, daß Buntbarsche aus diesem Gewässertypus recht heikle Pfleglinge sein können, deren Zucht sich häufig als äußerst schwierig erweist.

Obwohl die drei vorstehend kurz beschriebenen Gewässertypen vor allem für das brasilianische Amazonasgebiet charakteristisch sind, lassen sie sich zumindest in etwas veränderter Form auch in anderen Teilen des tropischen Südamerika und in Mittelamerika finden. So gibt es beispielsweise in Peru, Bolivien und Mexiko ebenfalls typische Klar- und Weißwasserflüsse. Extrem weiches Wasser ist jedoch in diesen Ländern die Ausnahme. Relativ häufig werden in jenen Gewässern mittlere Härtegrade gemessen. Für einige Klarwasserflüsse Mexikos, die aus der Sierra Madre Occidental kommen, ist sogar eine extrem hohe Gesamthärte charakteristisch. Auch sehr niedrige pH-Werte im stark sauren

Klarwasserflüsse wie der Rio Arruya (Peru) besitzen sehr sauberes Wasser, das gewöhnlich eine grünliche Farbe zeigt.

Weißwasserflüsse wie der Rio Ucayali (Peru) sind durch organische Schwebestoffe stark getrübt und haben meist eine lehmgelbe Farbe.

Tabelle 2:
Beispiel für Klarwasser in Peru

pH		7,2
Leitfähigkeit	µS	142
GH	°dH	4,9
Ca	°dH	3,6
Mg	°dH	1,3
KH	°dH	4,7
Na	mg/l	3,9
K	mg/l	0,5
NO_3	mg/l	0,8
PO_4	mg/l	< 0,1
Cl	mg/l	< 5
SO_4	mg/l	n. n.
Zn	µg/l	11
Pb	µg/l	n. n.
Cd	µg/l	n. n.
Cu	µg/l	27
CO_2	mg/l	10

Die Wasserprobe wurde von den Autoren im Juli 1983 dem Rio Chinipo im Einzugsgebiet des oberen Ucayali entnommen und durch Dr. G. Ritter im Labor der Firma Tetra analysiert.

Tabelle 3:
Beispiel für Weißwasser in Peru

pH		7,1
Leitfähigkeit	µS	154
GH	°dH	2,9
Ca	°dH	2,9
Mg	°dH	0
KH	°dH	3,9
Na	mg/l	9,0
K	mg/l	1,8
NO_3	mg/l	0,8
PO_4	mg/l	0,7
Cl	mg/l	< 5
SO_4	mg/l	n. n.
Zn	µg/l	7
Pb	µg/l	n. n.
Cd	µg/l	n. n.
Cu	µg/l	13
CO_2	mg/l	10

Die Wasserprobe wurde von den Autoren im Juli 1983 der Paca Cocha bei Pucallpa im Einzugsgebiet des mittleren Ucayali entnommen und durch Dr. G. Ritter im Labor der Firma Tetra analysiert.

Bereich sind für Gewässer dieser Länder eher untypisch. Meist bewegt sich dort die Konzentration der Wasserstoffionen zwischen den Werten 7 und 8. Im Unterschied zum Klar- und Weißwasser ist typisches Schwarzwasser außerhalb der Einzugsgebiete des Amazonas und des Orinokos nur ausnahmsweise zu finden. Die auch heute noch weit verbreitete Meinung, daß die südamerikanischen Cichliden generell in sehr weichen und sauren Gewässern leben, ist demnach nicht zutreffend.

Mit Ausnahme einiger weniger spezialisierter Fischfresser, die wie *Cichla ocellaris* auch im freien Wasser jagen, bewohnen die amerikanischen Buntbarsche vorzugsweise die Uferzonen ihrer Heimatgewässer, wo sie ausreichend Schutz und Versteckmöglichkeiten finden. Das hängt zum Teil mit ihrer Brutbiologie zusammen, denn als Substratbrüter finden sie nur dort geeignete Örtlichkeiten, um den Laich zu deponieren.

Weder in Weißwasserflüssen, die einen schlammigen Gewässergrund haben, noch in Schwarzwasserflüssen, die meist einen sandigen Grund besitzen, gibt es im allgemeinen Steine. Das einzige Laichsubstrat, das den Cichliden in diesen Gewässern zur Verfügung steht, bildet in das Wasser gefallenes Holz, das aber meist reichlich vorhanden ist. Unter Baumstämmen sowie zwischen Ästen und Wurzeln finden die Fische auch die von ihnen benötigten Versteckmöglichkeiten. Im Gegensatz dazu haben Klarwasserflüsse häufig einen felsigen oder steinigen Untergrund, der den Fischen eine Vielzahl zusätzlicher Zufluchtsstätten bietet. Typisch für viele stehende tropische Gewässer ist eine dichte Decke von Schwimmpflanzen, die meist aus Wasserhyazinthen *(Eichhornia crassipes)* und Muschelblumen *(Pistia stratiotes)* besteht. Sie bietet den Fischen ebenfalls Sichtschutz und ist ein beliebter Aufenthaltsort von Buntbarschen. Weniger bekannt ist, daß auch die häufig 15 oder 20 cm hohe Schicht locker liegenden Fallaubs, die den Grund von Gewässern im tropischen Regenwald bedeckt, ein beliebter Aufenthalt von gewissen Cichliden ist. Zu den Bewohnern dieses Biotops zählen insbesondere *Apistogramma* und halbwüchsige *Crenicichla*. Gewisse *„Aequidens"*-Arten aus Klarwasserflüssen Perus benutzen im Wasser liegende Blätter sogar als Laichsubstrat. Bei Gefahr können sie das Blatt mit dem Maul ergreifen und mit dem Gelege an einen anderen Ort fliehen.

Erstaunlicherweise wurde bisher in der aquaristischen Literatur der Tatsache, daß die Gewässer im Amazonasgebiet erstaunlichen Schwankungen des Wasserstands unterliegen, kaum Aufmerksamkeit geschenkt, obwohl diese Lebensbedingung für die Biologie der Buntbarsche und aller anderen Fische dieser Gebiete von wesentlicher Bedeutung

Auch in Mittelamerika gibt es typische Klarwasserflüsse (Rio Chamula, Chiapas, Mexiko).

Tabelle 4:
Klarwasser in Mexiko

pH		7,68
Leitfähigkeit	µS	1200
GH	°dH	15,2
Ca	°dH	7,6
Mg	°dH	7,6
KH	°dH	12,8
Na	mg/l	0,7
K	mg/l	0,7
NO_3	mg/l	< 5
PO_4	mg/l	n. n.
Cl	mg/l	< 5
SO_4	mg/l	34
Zn	µg/l	< 0,1
Pb	µg/l	0,2
Cd	µg/l	< 0,1
Cu	µg/l	0,4
CO_2	mg/l	8

Die Wasserprobe wurde von den Autoren im April 1983 dem Rio Nututun bei Palenque (Chiapas, Mexiko) entnommen und durch Dr. G. Ritter im Labor der Firma Tetra analysiert.

ist. Im jahreszeitlichen Rhythmus steigt und fällt der Wasserspiegel zwischen der Zeit des Hoch- und des Niedrigwassers regelmäßig um mehrere Meter. Ein Unterschied zwischen sechs und acht Meter ist für viele Gewässer Amazoniens keine Seltenheit.

Aufgrund von Beobachtungen im Aquarium ist bekannt, daß manche südamerikanische Cichliden *(Uara amphiacanthoides)* ausgesprochene Pflanzenfresser sind und daß andere *(Mesonauta festivus* und *Pterophyllum scalare)* vorzugsweise auf Pflanzen und nicht in Bodennähe auf Steinen ablaichen. Dieser Befund scheint auf den ersten Blick im Widerspruch zu der Tatsache zu stehen, daß es in den natürlichen Lebensräumen dieser Buntbarsche, wenn man von einigen wenigen Schwimmgewächsen an der Wasseroberfläche absieht, im allgemeinen überhaupt keine Wasserpflanzen gibt. Dies ist jedoch nur ein scheinbarer Widerspruch. Vieles spricht dafür, daß die Cichliden jener südamerikanischer Gewässer, die ausgeprägten jahreszeitlichen Schwankungen des Wasserstandes unterworfen sind, eine relativ eng begrenzte Laichzeit besitzen, die mit dem Hochwasser zusammenfällt (vgl. STAECK, 1982). In dieser Zeit treten aber die Gewässer weit über ihre Ufer, so daß der Urwald meterhoch überschwemmt wird. Dabei erreicht der Wasserspiegel eine derartige Höhe, daß sich Büsche und die unteren Äste von Bäumen tief unter der Wasseroberfläche befinden. Offenbar sind es gar nicht Wasserpflanzen, die im Leben dieser Cichliden eine wichtige Rolle spielen. Vielmehr dienen ihnen die untergetauchten Teile der Landvegetation als Nahrungsquelle und Laichsubstrat.

Gewisse Besonderheiten in der Fortpflanzungsbiologie und Brutpflege mancher Cichliden, die in Weiß- oder Schwarzwasserflüssen leben, lassen sich ebenfalls mit den Verhältnissen in ihren natürlichen Lebensräumen erklären. Offenbrütende Buntbarsche laichen im allgemeinen bevorzugt auf waagerechten Substraten, beispielsweise auf Steinen, am Gewässergrund. Sobald die Larven schlüpfen, werden sie in Gruben deponiert, die von den Elternfischen ausgehoben werden. Bei einigen Cichliden, beispielsweise *Mesonauta festivus* und *Symphysodon discus* weicht das Brutpflegeverhalten jedoch in auffälliger Weise von diesem weitverbreiteten Schema ab. Sie laichen niemals am Boden, sondern in

Im Amazonasgebiet wird der Urwald zur Hochwasserzeit meterhoch überschwemmt, wie an den Bäumen zu sehen ist.

einigem Abstand vom Untergrund, wobei sie nicht waagerechte, sondern senkrechte Flächen bevorzugen. Ferner werden die Larven von den Elternfischen nicht in Gruben abgelegt, sondern mit Hilfe ihrer am Kopf befindlichen Klebedrüsen in der Nähe der Wasseroberfläche an Ästen, Baumwurzeln oder Schwimmpflanzen angeheftet.

Buntbarsche benutzen weit stärker als andere Süßwasserfische die Augen zur Orientierung. Das wird vor allem während der Brutpflege deutlich, denn für den Zusammenhalt von Eltern und Jungfischen hat der Sichtkontakt eine wesentliche Bedeutung. Es erscheint einleuchtend, daß am Grund von Schwarzwasser- und insbesondere Weißwasserflüssen Bedingungen herrschen, die diesen Sichtkontakt unmöglich machen oder zumindest stark behindern. Unter derartigen Lebensbedingungen sind die Buntbarsche gezwungen, die Brutpflege vom Gewässergrund an die Wasseroberfläche zu verlegen, weil sie nur dort ausreichende Sichtverhältnisse vorfinden. Die vorstehenden Befunde zeigen, daß manche Verhaltensweisen, die in der Gefangenschaft ungewöhnlich erscheinen mögen, biologisch sinnvoll und verständlich werden, wenn sich die Gelegenheit bietet, Aquarienfische in ihren natürlichen Lebensräumen zu beobachten.

Das biotopgerechte Aquarium für amerikanische Großcichliden

Die amerikanischen Großcichliden sind in der Mehrzahl sehr robuste und widerstandsfähige Fische, eine Eigenschaft, die sie für die Pflege im Aquarium empfehlenswert erscheinen läßt. Insbesondere in der über Mittelamerika verbreiteten *„Cichlasoma"*-Sektion *Archocentrus,* die ausschließlich aus mittelgroßen Arten besteht, gibt es mehrere Buntbarsche, die sich infolge ihrer Anpassungsfähigkeit unter beinahe allen Pflegebedingungen mühelos zur Fortpflanzung bringen lassen und die deshalb auch geeignete Pfleglinge für Aquarianer sind, die erst wenig Erfahrung in der Haltung von Fischen besitzen. Derartige Organismen, die gegenüber Änderungen ihrer Lebensbedingungen recht tolerant sind, werden von den Ökologen, welche die Wechselbeziehungen zwischen den Lebewesen und ihrer Umwelt erforschen, als euryök bezeichnet.

Andererseits gibt es unter den größeren amerikanischen Buntbarschen auch einige stenöke Arten, d. h. Spezialisten mit einem sehr engen Toleranzspektrum, die sich nur wohlfühlen, wenn fast alle Umweltfaktoren ganz genau mit ihren besonderen Lebensansprüchen übereinstimmen. Das sind die sogenannten Problemfische, die sich nur schwer im Aquarium halten und noch schwerer züchten lassen. Die meisten Cichliden, die dieser Gruppe zuzurechnen sind, stammen aus dem Schwarzwasser des Amazonasurwaldes. Unter ihnen gibt es Arten, die bisher im Aquarium noch nicht zur Fortpflanzung zu bewegen waren, obwohl sich erfahrene Züchter mehrfach darum bemüht haben.

Eine langfristige erfolgreiche Haltung und die Zucht von Buntbarschen können nur unter der Voraussetzung gelingen, daß die Einrichtung des Aquariums den Lebens- und Umweltansprüchen der betreffenden Arten möglichst optimal entspricht. Bevor man damit beginnt, einen Behälter für die Pflege amerikanischer Großcichliden herzurichten, sollte man sich deshalb erst einmal über die Lebensbedingungen informieren, unter denen die Fische in ihren natürlichen Biotopen leben und sich fortpflanzen. Erst die genaue Kenntnis aller Umweltfaktoren, die das Leben von Cichliden an deren Fundorten beeinflussen, versetzt uns in die Lage, die dort herrschenden Bedingungen auch im Aquarium in etwa nachzubilden. Wichtig sind in diesem Zusammenhang Informationen über die Wassertemperaturen, die Licht- und Strömungsverhältnisse, die Art des Gewässergrundes, die Struktur und Beschaffenheit des Ufers sowie die chemischen und physikalischen Besonderheiten des Gewässers, vor allem seine Gesamt- und Karbonathärte sowie sein pH-Wert. Neben den Faktoren der unbelebten Umwelt ent-

Auch heute gibt es im Amazonasurwald noch Gebiete, die weitgehend unzugänglich und unerforscht sind und deshalb noch unbekannte Fischarten enthalten.

scheiden aber auch Faktoren der belebten Umwelt über die Existenzmöglichkeiten von Fischen. Beispielsweise ist keineswegs unwichtig, welche Algen und höheren Pflanzen in einem bestimmten Gewässer vorkommen und welche Tiere es bewohnen, denn alle diese Lebewesen können die Bedingungen, unter denen Buntbarsche in den natürlichen Biotopen leben, ganz nachhaltig beeinflussen, da sie als Nahrungsquellen, Konkurrenten oder potentielle Feinde in Frage kommen.

Häufig wird übersehen, daß auch die Einrichtung und dekorative Gestaltung des Aquariums wichtige Umweltfaktoren enthalten, die das Wohlbefinden der Fische erheblich fördern oder beeinträchtigen können. Gelegentlich enttäuschen Cichliden ihren Pfleger dadurch, daß sie unscheinbar aussehen und nicht die erwartete Farbenpracht zeigen. Das kann damit zusammenhängen, daß die Fische aus intensiv besonnten Klarwasserflüssen stammen, daß aber der Bodengrund und die übrige Einrichtung des Aquariums sehr dunkel gehalten sind und sie sich dieser Umgebung farblich angepaßt haben. Andere Arten sehen dagegen blaß und farblos aus, weil der Boden des Aquariums mit weißem Kies bedeckt ist, sie jedoch aus schattigen Urwaldgewässern mit einem dunkelbraunen bis schwärzlichen Untergrund aus totem Laub stammen.

Großcichliden benötigen erwartungsgemäß sehr geräumige Aquarien. Zwar gibt es eine ganze Reihe mittelgroßer Arten, beispielsweise aus den Gattungen *Biotodoma, „Aequidens“* und *Thorichthys* sowie der *„Cichlasoma“*-Sektion *Archocentrus,* die in Behältern mit einer Seitenlänge von unter einem Meter gut zu halten und zu züchten sind. Auch für sie sind jedoch größere Becken weit empfehlenswerter, da die Fische nur bei einem reichlichen Raumangebot das volle Inventar ihrer interessanten Verhaltensweisen zeigen können. Die Voraussetzung dafür, ein biotopgerechtes Aquarium zu schaffen, bietet für die meisten Cichliden erst ein Behälter, der in etwa eineinhalb Meter lang ist.

Paradoxerweise wird für die Pflege halbwüchsiger Cichliden im allgemeinen ein vergleichsweise größeres Aquarium benötigt als für die Haltung eines gut harmonierenden ausgewachsenen Pärchens. Das hängt mit der zumeist stark entwickelten innerartlichen Aggression zusammen, die die meisten Buntbarsche gegenüber nicht mit ihnen verpaarten Artgenossen zeigen. Hinzu kommt, daß die Mehrzahl der amerikanischen Großcichliden im Alter relativ ruhige Pfleglinge mit einem nur geringen Bewegungsbedürfnis sind. Eine sehr wichtige Grundregel ist in diesem Zusammenhang, daß man die Fische so wenig wie möglich stört, ihnen also beispielsweise auf keinen Fall die Eier, Larven oder Jungfische vor dem Erlöschen des Brutpflegetriebes wegnimmt, denn derartige Eingriffe können selbst bei eingespielten Paaren Auseinandersetzungen und Beißereien auslösen, die unter beengten räumlichen Verhältnissen rasch zum Tode eines Fisches führen.

Eine empfehlenswerte Methode, um die innerartliche Aggression etwas zu mindern, besteht darin, nicht nur eine Art im Aquarium zu halten, sondern mehrere verschiedene Buntbarsche miteinander zu vergesellschaften. Ein Gesellschaftsaquarium muß aber erheblich geräumiger sein als ein Behälter, in dem nur ein einzelnes Paar lebt, denn jeder Art soll ja die Möglichkeit geboten werden, sich in einem eigenen Territorium zu entfalten. Unter derartigen Pflegebedingungen ergeben sich die interessantesten Beobachtungen und Bedingungen für Verhaltensstudien.

Auch Vertreter ganz anderer Fischfamilien kommen als weitere Bewohner eines Gesellschaftsaquariums in Betracht. Als gut mit Cichliden haltbar haben sich die südamerikanischen Saugwelse (Loricariidae) aus den Gattungen *Pterygoplichthys, Peckoltia, Hypostomus, Ancistrus* und *Hemiancistrus* erwiesen. Auch viele Salmler sind unter der Voraussetzung, daß sie in etwa dieselbe Größe wie die Cichliden haben, für ein Gesellschaftsaquarium geeignet. Sie sind insbesondere dann empfehlenswert, wenn Buntbarsche, die für sich gehalten werden, sehr ängstlich wirken, denn durch ihre Schwimmfreudigkeit nehmen die Salmler den Cichliden die Scheu. Mittelamerikanische Buntbarsche lassen sich gut mit lebendgebärenden Zahnkarpfen vergesellschaften.

Zur biotopgerechten Einrichtung eines Aquariums für amerikanische Buntbarsche gehört vor allem, daß für eine ausreichende Zahl von Versteckmöglichkeiten und Zufluchtsstätten gesorgt wird, die die Fische in ihren heimatlichen Weiß- und Schwarzgewässern zwischen im Wasser liegenden Bäumen und Ästen, in Klarwasserflüssen auch zwischen und unter Steinen finden. In tropischen Seen, Tümpeln und Teichen bietet meist eine Schwimmpflanzendecke zusätzlichen Schutz. Eine durchdachte Verteilung von Sichtblenden und Versteckplätzen kann den Fischen auch im Aquarium die Abgrenzung von Revieren erleichtern.

Die Frage, ob und wie ein Aquarium für amerikanische Großcichliden zu bepflanzen ist, wird in der Aquaristik zum Teil außerordentlich kontrovers diskutiert. In den typischen Weiß- und Schwarzwasserflüssen Amazoniens gibt es im allgemeinen keine höheren Wasserpflanzen. Der Grund dafür ist die starke Trübung oder Braunfärbung dieser Gewässer, die das von den Pflanzen benötigte Licht gar nicht bis zum Gewässergrund durchdringen lassen. Auch der extrem wechselnde Wasserstand erschwert sicherlich die Besiedelung der meisten südamerikanischen Gewässer durch echte Wasserpflanzen. Puristen vertreten deshalb die Meinung, daß Pflanzen nicht in eine Nachbildung dieser Biotope gehören. Andererseits kann ein begrüntes Aquarium erheblich an ästhetischem Reiz gewinnen. Hinzu kommt, daß einzelne Pflanzengruppen durchaus zum Wohlbefinden der Fische beitragen, da sie Sichtschutz gewähren.

Gegen eine Bepflanzung des Aquariums ist grundsätzlich wenig einzuwenden. Sie darf allerdings in keinem Fall den Lebensbedürfnissen der Fische zuwiderlaufen. Um zu gewährleisten, daß den Tieren ein ausreichend bemessener freier Schwimmraum verbleibt, sollte ein Behälter für die amerikanischen Großcichliden immer nur mäßig bepflanzt sein. Dafür läßt sich auch noch ein zweites Argument anführen.

Die den meisten Buntbarschen völlig zu unrecht nachgesagte Pflanzenfeindlichkeit beruht gar nicht darauf, daß sie Pflanzenfresser sind, denn Arten mit einer derartigen Ernährungsweise sind unter den amerikanischen Cichliden eindeutig in der Minderheit. Falls Pflanzen von Buntbarschen zerstört werden, dann hängt das meist mit dem Brutpflegeverhalten dieser Fische und mit einer nicht artgemäßen Einrichtung des Aquariums zusammen. Zu den angeborenen Verhaltensweisen der meisten amerikanischen Großcichliden gehört es, daß sie in unmittelbarer Nähe des Geleges oder der Grube, in der die Larven deponiert sind, für freie Sicht sorgen,

Auch aus Mittelamerika werden immer wieder Cichliden eingeführt, die wie diese noch unbestimmte Art aus der Theraps-Verwandtschaft möglicherweise unbeschrieben sind.

denn nur so können sie die Annäherung von Freßfeinden rechtzeitig bemerken und die Brut wirkungsvoll verteidigen. Aus diesem Grund trachten sie danach, alle Pflanzen zu entfernen, die sich im Zentrum ihres Brutreviers befinden. Auch dies ist ein weiterer Grund, weshalb ein Aquarium für amerikanische Großcichliden nur mäßig und überlegt bepflanzt werden sollte. Empfehlenswerte Gewächse sind unter anderem große Einzelexemplare von *Echinodorus,* ferner *Anubias*-Arten und der Farn *Microsorium pteropus,* die in der Nähe der Wasseroberfläche auf Wurzeln und Felsen befestigt werden können und dort nach einiger Zeit festwachsen.

Der Bodengrund sollte in einem Aquarium für amerikanische Großcichliden aus feinem, gut gewaschenem Kies bestehen. Die Korngröße darf nicht zu groß sein, da sonst die Gefahr besteht, daß die Larven, die von den Offenbrütern in Gruben abgelegt werden, zwischen die einzelnen Steine geraten und verloren gehen. Bei der Pflege der Gattung *Geophagus* darf nur Sand verwendet werden, da sich diese Fische nur wohlfühlen, wenn sie den Bodengrund auf der Nahrungssuche durchkauen können, denn das ist bei ihnen eine angeborene Verhaltensweise. Cichliden aus Weiß- und Schwarzwasserflüssen fühlen sich im allgemeinen nur über dunklem Untergrund wohl, Arten aus Klarwasserflüssen bevorzugen dagegen meist eine helle Umgebung.

Inwieweit die Pflege von Buntbarschen auf Dauer erfolgreich verläuft und Zuchtversuche gelingen, hängt in erheblichem Maße auch von den physikalischen und chemischen Eigenschaften des verwendeten Aquarienwassers ab. Die im folgenden vorgestellten Buntbarsche sollten, wenn nicht ausdrücklich andere Werte angegeben werden, bei Wassertemperaturen zwischen 25 und 27° Celsius gehalten werden. Bei Zuchtversuchen kann eine Erhöhung der Temperatur um zwei Grad empfehlenswert sein, da hierdurch die Entwicklung der Eier und Larven beschleunigt und der Zeitraum zwischen dem Ablaichen und dem Freischwimmen der Jungtiere erheblich verkürzt wird.

Ein besonderes Merkmal der Klarwasser- und Schwarzwasserflüsse Südamerikas ist ihre Sauberkeit. Die Weißwasserflüsse transportieren zwar große Mengen anorganischen Materials, sie sind jedoch in der Regel kaum durch organische Stoffwechselprodukte belastet. Da Großcichliden infolge ihres Nahrungsbedarfs einen erheblichen Stoffumsatz

Großcichliden wie „Cichlasoma" (Theraps) synspilum brauchen Versteckplätze zwischen Wurzeln und Steinen, damit sie sich wohlfühlen.

haben, ist es empfehlenswert, an das Aquarium einen wirkungsvollen Filter anzuschließen, der durch eine leistungsstarke Motorpumpe betrieben wird und für eine mechanische Reinigung des Wassers sorgt. Noch wichtiger ist jedoch ein regelmäßiger teilweiser Wasserwechsel, durch den die unsichtbaren, im Aquariumwasser gelösten schädlichen Stoffwechselprodukte der Fische wieder aus dem Aquarium entfernt werden. Eine derartige intensive Wasserpflege ist besonders wichtig bei vielen Buntbarschen aus dem Schwarzwasser Amazoniens, da jene Arten besonders empfindlich auf einen erhöhten Nitrit- und Nitratgehalt des Aquariumwassers reagieren.

Die unter Aquarianern noch immer weitverbreitete Ansicht, daß amerikanische Cichliden besonders weiches Wasser mit einer extrem sauren Reaktion benötigen, hat sich inzwischen durch zahlreiche Wasseranalysen in den natürlichen Lebensräumen als falsch erwiesen. Sie trifft bedingt auf Buntbarsche aus dem eigentlichen Amazonasgebiet, insbesondere aus den Einzugsgebieten von Orinoko, Rio Negro und Rio Solimoes, zu, unter denen es wirklich Arten gibt, die sich nur in einem derartigen Wasser züchten lassen, ist aber beispielsweise für mexikanische Cichliden und andere mittelamerikanische Arten sowie Fische aus dem mittleren und oberen Ucayali-Gebiet (Peru) unzutreffend, da diese meist bei pH-Werten zwischen 7 und 8 und in relativ hartem Wasser auftreten. Da sich die einzelnen Arten aber recht erheblich in ihren Ansprüchen an den Chemismus des Wassers unterscheiden können, ist den Informationen über die natürlichen Lebensräume und den Tabellen über dort durchgeführte Wasseranalysen besondere Aufmerksamkeit zu schenken.

Mit Hilfe der modernen technischen Hilfsmittel, die der Zoofachhandel anbietet, ist es heute kein Problem mehr, das biotopgerecht eingerichtete Aquarium verläßlich und ohne zu großen Arbeitsaufwand funktionsfähig zu erhalten. Die in den natürlichen Biotopen ermittelten Wasserwerte lassen sich selbst dann im Aquarium erreichen, wenn das zur Verfügung stehende Leitungswasser einen ganz anderen Chemismus besitzt, denn Entsalzungsanlagen senken in beliebigem Maße die Wasserhärte herab, und verschiedene Filtermaterialien verschieben den pH-Wert vom neutralen oder alkalischen in den sauren Bereich.

Wenn schließlich für eine ausreichende und abwechslungsreiche Ernährung der Fische gesorgt wird, dann dürfte es in einem Aquarium, das unter Beachtung der vorstehenden Empfehlungen biotopgerecht eingerichtet wurde, nicht schwerfallen, amerikanische Großcichliden über lange Jahre gesund am Leben zu erhalten und auch zur Fortpflanzung zu bringen. In einem Aquarium, dessen Einrichtung den Bedingungen in den natürlichen Lebensräumen nahekommt, besteht auch nicht mehr die Notwendigkeit, den Buntbarschen die Eier, Larven oder Jungfische wegzunehmen, um sie künstlich aufzuziehen, denn bei einer biologisch sinnvollen Zusammenstellung der gepflegten Fische und der Aquariumdekoration werden die Jungtiere zwar nicht vollzählig, jedoch häufig ohne übergroße Verluste heranwachsen.

Die Gattung Acarichthys

ist von EIGENMANN im Jahre 1912 aufgestellt worden. Bis zum Jahre 1980, als ihr KULLANDER *Aequidens geayi* (PELLEGRIN, 1902) zuordnete, war sie monotypisch. Wahrscheinlich wird sie demnächst durch eine weitere, dritte Art vergrößert, die jedoch bisher noch unbeschrieben ist.

Zu den Merkmalen, die zu einer Abgrenzung gegenüber den anderen südamerikanischen Cichlidengattungen führten, gehören der Besitz von Mikrokiemenrechen sowie eines nur schwach entwickelten fleischigen Anhanges am oberen Ende des ersten Kiemenbogens. Dieser trägt Kiemenrechen an seinem Grund und nicht an seinem freien Rand. Ferner verläuft die obere Seitenlinie zumeist mindestens zwei Schuppen von der Rückenflosse entfernt.

Acarichthys gehört in die Gattungsgruppe der Geophaginen und scheint mit der Gattung *Retroclus* EIGENMANN & BRAY, 1894, näher verwandt zu sein.

Acarichthys heckelii

MÜLLER & TROSCHEL, 1848

In der Erstbeschreibung wurde diese Art der Gattung *Acara* zugeordnet. Ein jüngeres Synonym für sie ist *Acara subocularis* COPE, 1878. Ferner wurde sie in der wissenschaftlichen Literatur verschiedentlich auch unter dem Namen *Geophagus thayeri* STEINDACHNER, 1875, geführt.

Die maximale Länge dieses Buntbarsches liegt bei ungefähr 20 cm. Obwohl er keine sehr auffälligen Farben zeigt, gehört er zu den prächtigsten südamerikanischen Cichliden. Auf hellgrauem Untergrund erstrecken sich acht oder neun Längsreihen grüngoldener Glanzflecken über seine Körperseiten. In der Mitte der Flanken liegt ein größerer schwarzer Punkt. Erwachsene Exemplare tragen zwischen diesem Seitenfleck und dem Kiemendeckel eine prächtig orangebraune Farbzone, die sich vom Rücken bis in die Brustregion erstreckt. Denselben Farbton tragen auch die Wangen, die Bauchflossen und die Afterflosse. Das obere vordere Viertel der Iris ist blutrot gefärbt. Rot getönt sind auch die auffallenden fädigen Verlängerungen der ersten fünf oder sechs Weichstrahlen der Rückenflosse. Jungtiere bis zu einer Länge von vier Zentimeter tragen im vorderen Bereich der Rückenflosse ein ganz typisches farbliches

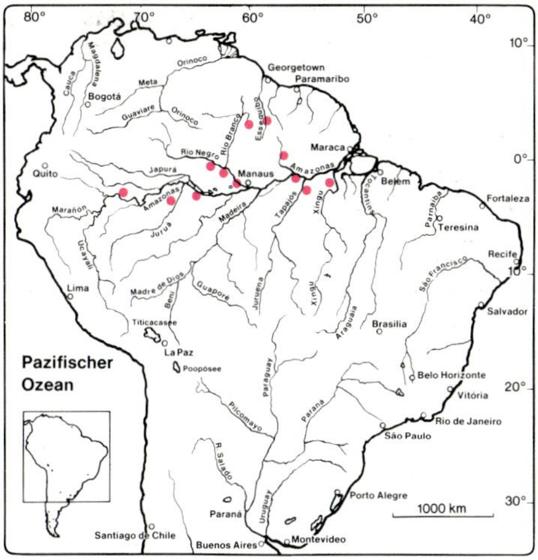

Fundorte von Acarichthys heckelii

Acarichthys heckelii ♂

Merkmal: Während die ersten beiden Flossenhäute tiefschwarz aussehen, sind die beiden folgenden kräftig rot gefärbt. Die Geschlechter lassen sich nur schwer unterscheiden. Im Alter zeigen die Männchen eine kräftigere Beflossung.

Arttypische Merkmale

Wichtige Bestimmungsmerkmale sind der runde Flankenfleck, der eine halbe bis eine Schuppe unter der oberen Seitenlinie liegt, die fädigen Verlängerungen der ersten Weichstrahlen der Dorsale und die ausgedehnte kräftig orangebraune Farbzone unmittelbar hinter dem Kiemendeckel.

Ähnliche Arten

Dieselbe Verlängerung der Weichstrahlen der Dorsale zeigt auch *Geophagus daemon* HECKEL, 1840, jene Art ist aber wesentlich schlanker und trägt einen kräftigen schwarzen Fleck auf der Schwanzwurzel. Farbliche Ähnlichkeiten bestehen auch zu anderen Vertretern der Gattung *Geophagus,* die aber keine derartig verlängerten Rückenflossenstrahlen aufweisen.

Einen ähnlichen orangebraunen Schulterfleck trägt *Biotodoma cupido* (HECKEL, 1840). Bei jener Spezies liegt der schwarze Seitenfleck jedoch nicht in der Mitte der Flanken, sondern in der hinteren Körperhälfte und näher an der Rückenflosse.

Der zweite Vertreter der Gattung, *Acarichthys geayi* (PELLEGRIN, 1902), hat nur im konservierten Zustand eine gewisse Ähnlichkeit, die allerdings REGAN (1905) so groß erschien, daß er beide Arten zeitweise zu einer Spezies zusammenfaßte und unter dem Namen *Acara geayi* führte. Lebende Fische haben aber ganz verschiedene Farbkleider. Vor allem ist der Flankenfleck bei *A. geayi* meist zu einem Gürtelstreifen erweitert.

Acarichthys heckelii: Jungfisch im Jugendkleid.

Wie einer der Verfasser im Gebiet des Rio Negro beobachten konnte, liegen die

natürlichen Lebensräume

dieses Buntbarsches vor allem in ruhigen Seitenarmen und Buchten, die reich an Versteckmöglichkeiten in Form von ins Wasser gefallenen Bäumen und Ästen sind. Stellenweise war er dort der häufigste Cichlide. Meist war er in diesem Gebiet mit *Mesonauta festivus* und *Biotodoma wavrini* vergesellschaftet. Im Einzugsbereich des Rio Negro bewohnen die Fische extremes Schwarzwasser mit einer Gesamt- und Karbonathärte unter 1° dH und pH-Werten, die meist um den Wert 5 liegen. Andererseits besteht aber die Wahrscheinlichkeit, daß sie auch in Gewässern mit anderen Wasserwerten vorkommen, denn ihr Verbreitungsgebiet scheint sehr ausgedehnt zu sein. Neben dem Rio Negro werden unter anderem der Rio Juruá, der Lago Hianuari bei Obidos, der Rio Tapajós, der Rio Tefé, der Rio Xingu und der Rio Trombetas in Brasilien, ferner der Essequibo und der Rupununi in Britisch Guayana sowie Pebas in Peru als Fundorte in der Literatur genannt.

Für die langfristige erfolgreiche

Haltung

dieser Art werden größere Behälter benötigt, die eine Seitenlänge von rund eineinhalb Meter besitzen. Die Fische fühlen sich nur wohl, wenn sich im Aquarium Versteckmöglichkeiten befinden, die mit Moorkienwurzeln und Steinplatten geschaffen werden. Eine Bepflanzung, die jedoch den Schwimmraum nicht zu stark einengen sollte, ist möglich, da sie von den Tieren nicht beschädigt wird. Bei zu greller Beleuchtung werden die Fische häufig scheu, und ihre Farben verblassen. *A. heckelii* ist eine sehr friedliche und ruhige Art, die keinesfalls mit sehr robusten und aggressiven Buntbarschen zusammen gehalten werden darf. Aufgrund ihrer Körpergröße benötigen diese Tiere ein kräftiges und reichlich bemessenes Futter. Gut geeignet sind unter anderem geschälte Krabben und Garnelen (Shrimps), die zu kleinen Futterbrocken zerschnitten werden.

Die
Zucht
ist im Aquarium bisher nur äußerst selten gelungen. Bei BARAN (1981) pflanzten sich die Tiere im normalen Leitungswasser fort, das eine Gesamthärte von 16–18° dH hatte. Diese Wasserwerte sind aber mit Sicherheit nicht ideal. Unter Berücksichtigung der Verhältnisse in den natürlichen Lebensräumen sollte für Zuchtversuche grundsätzlich möglichst mineralarmes Wasser verwendet werden, dessen pH-Wert im sauren Bereich liegt. Da *A. heckelii* ein Höhlenbrüter ist, der den Laich an der Decke der Bruthöhle anheftet, ist der Einrichtung des Aquariums besondere Aufmerksamkeit zu widmen. Entsprechend große Tongefäße mit einer relativ kleinen Öffnung scheinen von den Fischen gern als Laichplätze angenommen zu werden. An der Pflege und Verteidigung der Nachkommen sind beide Eltern beteiligt.

Lebensraum von Acarichthys heckelii im Einzugsbereich des Rio Negro (Brasilien). Die Fische bevorzugen ruhiges Wasser und viele Versteckmöglichkeiten.

Acarichthys spec. conf. geayi

Bei dieser hier im Foto vorgestellten Art, die in Färbung und Körperform stark an *Acarichthys geayi* (PELLEGRIN, 1902) erinnert und bisher in der Aquaristik auch unter diesem Namen geführt wurde, handelt es sich nach neueren Erkenntnissen (KULLANDER, briefl. Mitt.) um eine noch unbeschriebene Spezies.
Im Aquarium erreichen männliche Fische eine Länge von gut 15 cm, weibliche Exemplare bleiben etwa zwei Zentimeter kleiner. Dieser Buntbarsch ist wenig farbig, trägt aber sehr kontrastreiche schwarze Zeichnungen: Dazu gehören ein Augenstreifen, der vom Nacken bis zum unteren Rand des Kiemendeckels zieht, und ein Seitenfleck, der meist zu einem Sattelfleck oder Gürtelstreifen nach oben und unten erweitert ist und sich dann von der Basis der Rückenflosse bis in die Bauchregion erstreckt, jedoch niemals die Körperunterseite erreicht. Auch die Membranen zwischen den ersten drei Dorsalhartstrahlen sind tiefschwarz gefärbt. Die graublauen bis graubraunen Körperseiten tragen etwa neun Längsreihen goldener Glanzflecken. Ein

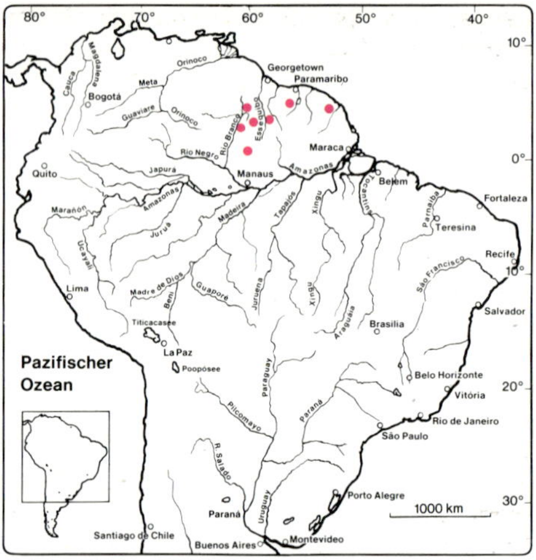

Fundorte von Acarichthys geayi

Sexualdimorphismus tritt erst im Alter auf, wenn die Männchen deutlich größer werden und eine stärkere Beflossung zeigen.

Arttypische Merkmale,

die eine Identifizierung ermöglichen, sind die

Acarichthys spec. conf. geayi ♂

Längsreihen von Glanzflecken, der Gürtelstreifen, der nicht bis zur Unterseite des Körpers reicht, sowie der sich bis zum Unterrand des Kiemendeckels erstreckende Augenstreifen. Eine Verwechslung mit anderen Cichliden ist weitgehend ausgeschlossen, da es kaum

ähnliche Arten

gibt. In der Aquaristik wird jedoch noch eine zweite Art mit weitgehend identischem Aussehen gepflegt, die WERNER (1980) erstmals vorgestellt hat und bei der es sich um den wirklichen *Acarichthys geayi* (PELLEGRIN, 1902) handeln könnte. Diese Spezies zeigt eine weniger steil ansteigende Stirn, einen Gürtelstreifen, der die Unterseite des Körpers erreicht, sowie einen Augenstreifen, der bereits unter dem Auge endet. Ferner sind die Flanken gelblich und die Bauchflossen sowie der Afterflossengrund kräftig gelb gefärbt, Glanzflecken auf den Flanken fehlen. Schließlich kann jene Art beim Drohen in auffälliger Weise die Kiemenhäute wie einen Kragen nach unten entfalten.

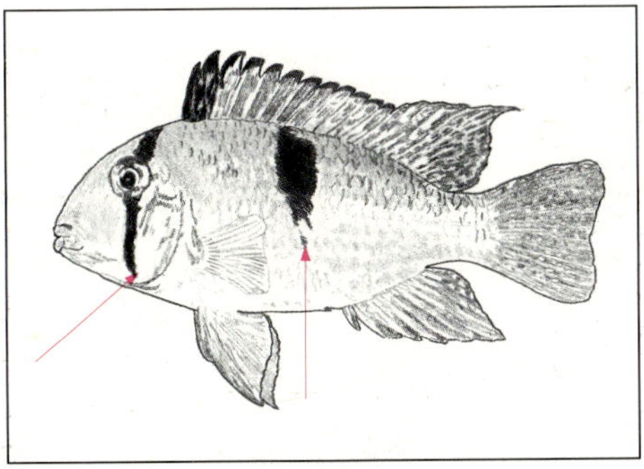

Acarichthys spec. conf. geayi

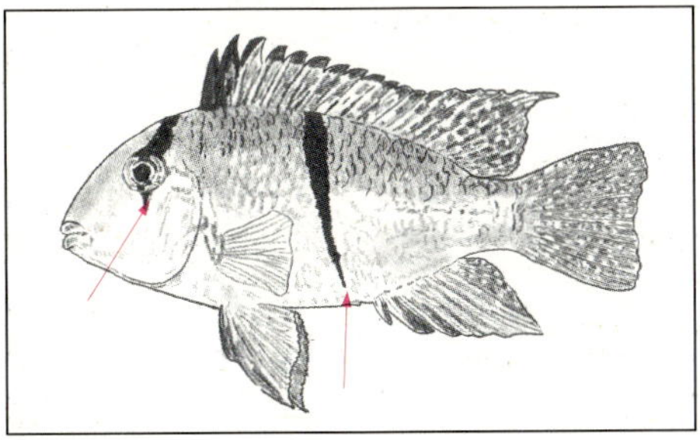

Acarichthys spec.

Acarichthys spec. conf. geayi ♀

Über den

natürlichen Lebensraum

dieser in der Aquaristik weit verbreiteten Cichliden liegen zur Zeit noch keine gesicherten Informationen vor. Der Typusfundort von *A. geayi* ist der Fluß Camopi in Französisch Guayana. Weitere Fundorte dieser Art liegen in den beiden anderen Guayana-Ländern sowie im nördlichen Brasilien. In der Literatur werden Rio Branco, Rio Urubu und Rio Tacutu angegeben. Möglicherweise betreffen die Nachweise in Brasilien, die an der Südgrenze dieses ausgedehnten Verbreitungsgebietes liegen, gar nicht *A. geayi*, sondern die hier vorgestellte, noch unbeschriebene Art.

Für die

Haltung

dieses Buntbarsches ist ein Aquarium mit einer Seitenlänge von ungefähr einem Meter ausreichend. Es wird mit feinem Kies und Versteckplätzen aus Moorkienwurzeln und Steinaufbauten eingerichtet. Einige größere robuste Einzelpflanzen können als zusätzliche Dekorationsmittel dienen. In geräumigen Aquarien ist eine Vergesellschaftung mit weiteren mittelgroßen amerikanischen Buntbarschen, beispielsweise *Aequidens*- oder *Cichlasoma*-Arten, gut möglich. In bezug auf die Ernährung und die Wasserwerte ist dieser Cichlide wenig anspruchsvoll, denn die

Zucht

gelingt auch in mittelhartem Wasser und bei einem pH-Wert im alkalischen Bereich relativ leicht. Zu beachten ist allerdings, daß er zu den Höhlenbrütern gehört und den Laich vorzugsweise an einer senkrechten Höhlenwand ablegt. Ein Gelege kann aus mehreren Hun-

Weißwasserbiotop am Rio Solimoes mit der Riesenseerose Victoria amazonica.

dert Eiern bestehen. Bei einer Wassertemperatur um 26° Celsius schlüpfen die Larven nach rund drei Tagen. Etwa knapp 14 Tage nach dem Ablaichen erscheinen die Jungfische vor der Bruthöhle. Obwohl sie vergleichsweise langsam wachsen, ist ihre Aufzucht mit den üblichen Futtermitteln unproblematisch. Während der Brutpflege bilden die Fische eine Vater-Mutter-Familie, in der das Männchen und das Weibchen deutlich verschiedene Rollen übernehmen.

Die Gattung Aequidens

Der Gattungsname geht auf EIGENMANN & BRAY zurück, die ihn im Jahre 1894 einführten, um die bis dahin übliche Bezeichnung *Acara* zu ersetzen, da sich herausgestellt hatte, daß diese als Synonym für den Gattungsnamen *Astronotus* anzusehen ist. Mit rund 25 Arten war *Aequidens* lange die zweitgrößte Gattung amerikanischer Cichliden. Zu den wichtigsten gemeinsamen Merkmalen ihrer Vertreter zählen der Besitz von nur drei Hartstrahlen in der Afterflosse, eines ungezähnten Vorkiemendeckels, konischer Zähne sowie das Fehlen eines fleischigen Fortsatzes am oberen Ende des ersten Kiemenbogens. Da die in dieser Gattung vereinigten Cichliden jedoch keine homogene Gruppe bildeten, die auf eine gemeinsame Ausgangsform zurückzuführen sind, hat KULLANDER (1983) vorgeschlagen, die *Aequidens*-Arten künftig auf mehrere Gattungen aufzuteilen, um dadurch die verwandtschaftlichen Beziehungen in dieser Gruppe besser zu verdeutlichen. In der stark verkleinerten Gattung *Aequidens,* für die *Ae. tetramerus* (HECKEL, 1840) die Typus-Art ist, beläßt er nur noch sechs Arten, zu denen in nächster Zeit aber mindestens sechs weitere hinzukommen werden, die zur Zeit jedoch noch unbeschrieben sind. Die übrigen Buntbarsche, die bisher in der Gattung *Aequidens* geführt wurden, müssen infolgedessen auf neu zu beschreibende Gattungen verteilt werden. KULLANDER teilte die verbleibenden Arten zwar in fünf Gruppen ein, gab ihnen aber noch keine neuen Gattungsnamen. Diese Verwandtschaftskreise, die künftig den Rang von Gattungen erhalten sollen, sind die *„Aequidens"-dorsiger*-Gruppe, die *„Aequidens"-syspilus*-Gruppe, die *„Aequidens"-pulcher*-Gruppe, die *„Aequidens"-guianensis*-Gruppe sowie *„Ae." maronii* als relativ isolierte Art, für die eine monotypische Gattung zu bilden wäre. Jene Arten werden daher im folgenden als sogenannte *„Aequidens"* geführt, d. h., der Gattungsname wird in Anführungsstriche gesetzt.

Aequidens metae
EIGENMANN, 1922

Dieser in der Aquaristik wenig bekannte Buntbarsch wurde von uns im Jahre 1982 erstmals lebend nach Europa eingeführt. Er kann eine Länge von gut 20 cm erreichen.
Die Fische zeigen auf dem Körper einen schönen braungelben bis gelblichen Grundton, der auch auf die Flossen übergreift. Die Körperseiten tragen einen blaugrünen Metallglanz. Ähnlich gefärbte Glanzlinien treten auch auf den Wangen auf. Die wichtigsten schwarzen Zeichnungen sind ein großer Schwanzfleck in der oberen Hälfte des Schwanzstiels, ein großer Seitenfleck unterhalb der Seitenlinie, der sich nach oben bis zum Ansatz der Rückenflosse ausdehnen kann und rechts und links von je einem gelben senkrechten Streifen eingerahmt ist, sowie ein senkrechter Wangen-

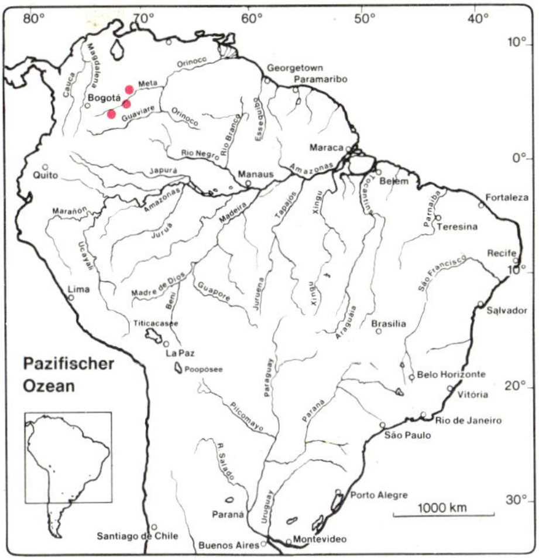

Fundorte von Aequidens metae

Aequidens metae

strich, der am Rand des Vorkiemendeckels gelegen ist. Gelegentlich können auch ein dunkler Längsstreifen sowie mehrere Querstreifen auf den Körperseiten angedeutet sein.

Das wichtigste

arttypische Merkmal,

das eine Identifizierung dieses Buntbarsches ermöglicht, bildet der senkrecht verlaufende Wangenstrich, der vom hinteren Rand des Auges zum unteren Winkel des Vorkiemendeckels zieht (vgl. Titelfoto). Zu den

ähnlichen Arten,

die leicht mit *Aequidens metae* zu verwechseln sind, gehört vor allem *Ae. diadema* (HECKEL, 1840), weil dieser Buntbarsch in der Aquaristik ebenfalls verbreitet ist. Jene Art besitzt jedoch keinen Wangenstrich, sondern nur einen kleinen Wangenfleck. Ferner fehlt ihr die schöne blaugrüne Glanzfärbung.

Die

natürlichen Lebensräume

liegen im Einzugsgebiet des Rio Meta, der in seinem Unterlauf die Grenze zwischen den beiden Staaten Kolumbien und Venezuela bildet. Die Fische, die als Grundlage für die Erstbeschreibung dienten, wurden bei Barrigón (Cano Carniceria, Cumaral) gefangen. Von uns wurde *Aequidens metae* östlich der Stadt Villavicencio (Kolumbien) in verschiedenen Gewässern nachgewiesen und beobachtet, die zum Einzugsgebiet des oberen Rio Meta gehören. Es handelte sich um kleine, klare, zum Teil leicht bräunliche Wasserläufe. Ihr Bodengrund bestand aus Sand oder Kies. Echte Wasserpflanzen waren selten, doch gab es meist einen reichen Bestand an emerser Ufervegetation. Wasseranalysen ergaben extrem geringe Härtegrade und pH-Werte im sehr sauren Bereich um 5. Weitere Fische dieser Lebensräume sind die Cichliden *Mesonauta festivus* (vgl. Seite 143), *Apistogramma macmasteri* und *Apistogramma viejita* (vgl. Bd. 1., S. 76 u. 153) sowie vor allem zahlreiche Salmler. Für die artgemäße

Haltung

dieses Buntbarsches wird ein Aquarium benötigt, dessen Seitenlänge über einem Meter liegen sollte. Für seine Einrichtung werden feiner Kies sowie einige größere Steine und Moorkienwurzeln verwendet, mit denen für Versteckmöglichkeiten gesorgt wird. Auch Pflanzen kommen für die Dekoration des Behälters in Frage, da sie von diesem Buntbarsch nicht beschädigt werden. *Aequidens metae* ist eine ruhige und friedliche Art, die sich auch gut mit kleineren Fischen vergesellschaften läßt. Selbst innerartliche Auseinandersetzungen sind in einem geräumigen Behälter selten. Es empfiehlt sich, adulte Exemplare regelmäßig mit Krebsfleisch (Krabben, Shrimps) zu füttern, um eine ausreichende Ernährung zu gewährleisten. Leider ist die

Zucht

nicht einfach, denn sie scheint nicht in hartem bis mittelhartem, sondern nur in weichem Wasser zu gelingen, das in etwa den Bedingungen im natürlichen Lebensraum nahekommt. Die Fische sind Offenbrüter, die auf Steinen oder Wurzeln ablaichen. Das Gelege, die Larven und Jungfische, werden von beiden Elternfischen betreut und verteidigt. Als erstes Futter für die Jungtiere haben sich die Larven des Salinenkrebses und zerkleinertes Flockenfutter bewährt.

Tabelle Nr. 5:

Ort:	Wasserlauf an der Straße von Villavicencio nach Restrepo (Einzugsgebiet des Rio Meta, Kolumbien)
Sichtweite:	klar
Farbe:	leicht bräunlich
pH-Wert:	4,8
Gesamthärte:	unter 1° dH
Karbonathärte:	unter 1° dH
Leitfähigkeit:	38 µS bei 26,3° C
Wassertiefe:	bis 0,4 m
Wasserbewegung:	gering
Wassertemperatur:	26,3° C
Lufttemperatur:	27,0° C Uhrzeit 15.30 Uhr

„Aequidens“ rivulatus
(GÜNTHER, 1859)

wurde in der Erstbeschreibung der Gattung *Chromis* zugeordnet. Synonyme sind *Acara aequinoctialis* REGAN, 1905, und *Aequidens azurifera* FOWLER, 1911.
Die Fische können eine Länge von ungefähr 25 cm erreichen. Die wichtigsten Merkmale in ihrem Farbkleid bilden ein kleiner schwarzer Fleck in der Mitte des Schwanzstiels, ein schwarzer Seitenfleck, der direkt unter der oberen Seitenlinie liegt und beiderseits von je einem silbern glänzenden senkrechten Streifen begrenzt wird, ein breiter weißer Saum auf dem hinteren Rand der Schwanzflosse sowie der schmale weiße Rand der Rückenflosse. Die Schuppen der Körperseiten glänzen grüngolden, und die Flossen tragen blaugrüne Glanzflecken und -streifen. Die Andeutung eines Sexualdimorphismus wird erst im Alter ausgebildet, wenn die größeren Männchen eine bulligere Stirn und länger ausgezogene Flossen bekommen. Zu den

arttypischen Merkmalen,

die eine Identifizierung dieses Cichliden ermöglichen, gehören der weißsilbern begrenzte Flankenfleck und der weiße hintere Saum der Schwanzflosse. Ferner der Besitz

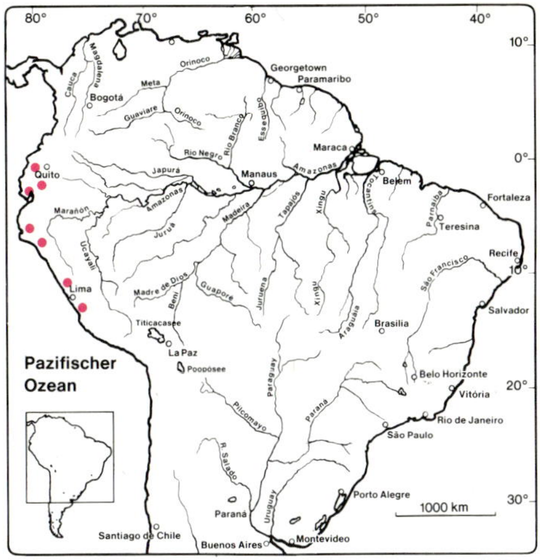

Fundorte von „Aequidens“ rivulatus

von 3–4 Schuppenreihen auf den Wangen und von 7–9 Kiemenrechen auf dem unteren Teil des ersten Kiemenbogens.

Ähnliche Arten

finden sich in der *„Aequidens“-pulcher*-Gruppe, zu der dieser Buntbarsch nach KULLANDER (1983) zu zählen ist. Eine Verwechslung scheint insbesondere mit einer

„Aequidens“ rivulatus ♂

noch nicht identifizierten und vielleicht noch unbeschriebenen Art möglich, die in der Aquaristik den Namen Goldsaumcichlide erhalten hat. Diese Art besitzt mehr oder weniger dieselbe Körperform und ein nahezu identisches Farbkleid, nur trägt der hintere Rand der Schwanzflosse einen breiten orangefarbenen Saum. Auch scheint die Zahl der Hartstrahlen in der Dorsale geringer zu sein (13–14 gegenüber 14–15 bei *„Ae." rivulatus*).

Dieser Schwimmpflanzenteppich mit der seltenen Wasserhyazinthe Eichhornia azurea bietet Schutz vor Feinden und ist daher Fundort vieler Cichliden.

Die
natürlichen Lebensräume
von *„Aequidens" rivulatus* liegen im westlichen Ekuador und Peru in Gewässern der Pazifikküste. Die in der Literatur belegten Fundorte finden sich vor allem im Einzugsgebiet des Guayaquil und des Rio Guayas sowie in Peru bei den Orten Piura, Pacasmayo sowie in der weiteren Umgebung von Lima (Huacho). LÜLING (1973) fing die Fische in einer mit Seewasser vermischten Lagune, in der die Gesamthärte und die Karbonathärte jeweils 6,7° dH betrug. Als Leitfähigkeit wurden von ihm 4280 Mikro-Siemens und als pH-Wert 7,7 ermittelt. Aus diesen Werten läßt sich ablesen, daß dieser Buntbarsch sehr anpassungsfähig ist und daß die Wasserwerte bei der

Haltung
relativ unwichtig sind. Probleme können sich jedoch bei der Zusammenstellung harmonierender Paare ergeben, da unverpaarte Exemplare untereinander sehr aggressiv sind und deshalb für ihre Pflege viel Raum benötigt wird. Während der Brutpflege kann dieser robuste Cichlide auch gegenüber anderen Buntbarschen außerordentlich ruppig werden. Auf Dauer sind für seine Pflege nur große Behälter mit einer Seitenlänge von eineinhalb Meter empfehlenswert, in denen er nur mit ähnlich wehrhaften Arten zusammen gehalten werden sollte. Bei der Einrichtung des Aquariums sind mit Wurzeln und Steinplatten einige Versteckplätze zu errichten, welche die Bodenfläche gliedern und die Abgrenzung von Revieren erleichtern. Die Tiere benötigen kräftiges Futter in Form von zerschnittenem Fisch- und Garnelenfleisch. Die

Zucht
ist einfach, da harmonierende Paare unter den verschiedensten Hälterungsbedingungen willig zur Fortpflanzung schreiten. *„Aequidens" rivulatus* ist ein Offenbrüter und zieht die Nachkommen in einer Elternfamilie auf.

„Aequidens“ spec.
(Jenaro Herrera)

Dieser südamerikanische Buntbarsch ist erst im Jahre 1981 von KULLANDER in Peru entdeckt worden. Da bis zum Abschluß dieses Manuskriptes die wissenschaftliche Erstbeschreibung noch nicht publiziert wurde, steht noch kein Name zur Verfügung, der die eindeutige Kennzeichnung dieser Spezies ermöglichen würde. Wir fingen die Art 1983 und konnten auch erstmals einige lebende Exemplare nach Deutschland einführen. Die maximale Größe der Fische scheint bei etwa 15 Zentimeter zu liegen.
Die wichtigsten schwarzen Zeichnungen im Farbkleid dieses Cichliden sind ein Längsband, das vom hinteren Rand des Auges zur Schwanzwurzel zieht, und ein großer, mehr oder weniger rechteckiger Flankenfleck, der

Fundorte von Aequidens spec. (Jenaro Herrera)

Aequidens spec. (Jenaro Herrera)

in der Rückenflosse im Bereich des neunten bis zwölften Hartstrahles beginnt und sich dann über die Rückenregion bis in Höhe des Längsbandes erstreckt. In der oberen Hälfte des Schwanzstieles liegt ein rundlicher Schwanzwurzelfleck. Vom hinteren Rand des Auges verläuft ein schwarzer Strich senkrecht nach unten in die Kehlregion, ohne diese aber zu erreichen. Wangen und Kiemendeckel zeigen einen schönen grünen Glanz. Auch die Körperseiten glänzen unterhalb des Längsbandes in einem metallischen Grün. Die obere Körperhälfte ist dagegen bräunlich getönt. Die unpaaren Flossen tragen zart rötliche Farben. Da die Art keinen Sexualdimorphismus besitzt, sind die Geschlechter äußerlich nicht mit Sicherheit zu unterscheiden.

Arttypische Merkmale

dieses Cichliden, die für die Aquaristik von Wert sind, da sie seine Identifizierung ermöglichen, finden sich vor allem im Farbkleid. Charakteristische Kennzeichen bilden der Längsstreifen, der auffallende Flankenfleck, der auf die Rückenflosse übergreift, sowie der grüne Metallglanz auf dem unteren Körper und die Rotfärbung der Flossen. Zu den

ähnlichen Arten

zählen vor allem *Aequidens pallidus* (HECKEL, 1840), *Ae. diadema* (HECKEL, 1840), und *Ae. metae* EIGENMANN, 1922. Die genannten Cichliden besitzen sowohl mehr oder weniger dieselbe Körpergestalt als auch den auffälligen Flankenfleck. Adulten Exemplaren dieser Arten fehlt jedoch entweder das schwarze Längsband oder der kräftig grüne Glanz in der unteren Körperhälfte bzw. die Rotfärbung in den Flossen.

Tabelle Nr. 6

Ort:	Schwarzwasserbach 13,5 km östlich von Jenaro Herrera an der Straße nach Colonia Angamos (Peru, Depto. Loreto)
Sichtweite:	klar
Farbe:	dunkelbraun
pH-Wert:	5,4
Gesamthärte:	unter 1° dH
Karbonathärte:	unter 1° dH
Leitfähigkeit:	3 µS bei 27,5° C
Nitrit:	unter 1 mg/l
Wassertiefe:	bis 1 m
Wasserbewegung:	leicht fließend
Wassertemperatur:	27,5° C
Lufttemperatur:	32,0° C
Datum:	28. 6. 1984 Uhrzeit 17.00 Uhr

Der

natürliche Lebensraum

dieser *Aequidens*-Art liegt im Einzugsbereich des unteren Ucayali im Nordosten Perus. Die einzigen bisher bekannten Fundorte befinden sich in der Umgebung der Ortschaft Jenaro Herrera. Wir fingen die Fische in einem kleinen Schwarzwasserbach, dessen Untergrund von einer dicken Laubschicht bedeckt war und in dem viel Holz in Form von Ästen und Zweigen lag, die den Cichliden gute Versteckmöglichkeiten boten. Vor allem Jungtiere waren in diesem Biotop sehr zahlreich. Da der Bach große Mengen kleiner Garnelen enthielt, ist anzunehmen, daß diese Krebse eine wichtige Rolle bei der Ernährung der Buntbarsche spielen. Wasserpflanzen gab es an dem Fundort nicht. Weitere Fische dieses Gewässers sind die Cichliden *„Aequidens" flavilabris, Apistogramma nijsseni* (vgl. Bd. 1, S. 85 ff.) und *Crenicichla spec.* sowie die Salmler *Crenuchus spilurus, Pyrrhulina brevis, P. laeta* und *Curimata spec.* Die

Haltung

dieser *Aequidens*-Art sollte in einem Aquarium erfolgen, das eine Seitenlänge von einem guten Meter hat. Für seine Einrichtung werden gewaschener feiner Kies oder Sand sowie größere Steine und Wurzeln benötigt, die so zusammengestellt werden, daß Versteckplätze entstehen. Da dieser Buntbarsch sich nicht an Pflanzen vergreift, können sie ebenfalls zur Dekoration des Aquariums verwendet werden. Zwar lassen sich diese Fische durchaus bei mittleren Härtegraden pflegen, für die erfolgreiche

Zucht

scheinen aber weicheres Wasser und ein pH-Wert im sauren Bereich Bedingung zu sein. Bis zum Abschluß des Manuskriptes ist es nicht gelungen, diese Art im Aquarium zu vermehren. Es ist deshalb noch nicht entschieden, ob sie zu den Offenbrütern oder zu den larvophilen Maulbrütern zählt.

„Aequidens“ spec.

(Rio Chinipo)

Der abgebildete Fisch wurde von uns im Jahre 1983 während einer ichthyologischen Sammelreise in das obere Ucayali-Gebiet gefangen. Begleiter von uns brachten mehrere Exemplare lebend nach Deutschland. KULLANDER untersuchte das von uns mitgebrachte konservierte Material, das unter der Nr. A83/1983254.3051 in Stockholm im *Naturhistoriska Riksmuseet* hinterlegt ist, und kam zu dem Ergebnis, daß es sich um eine noch nicht beschriebene Spezies handelt (briefl. Mitt.). Die größten von uns im natürlichen Biotop beobachteten Exemplare hatten eine Länge von knapp 15 Zentimeter. Weibliche Tiere bleiben kleiner.

Die wichtigsten schwarzen Muster im Farbkleid dieser Spezies sind ein Schwanzwurzelfleck, der in der oberen Hälfte des Schwanzstieles liegt, und ein Flankenfleck, der sich unmittelbar unter der Seitenlinie in der Mitte des Körpers befindet. Ein schwarzes Längsband beginnt im Nacken, am hinteren Augenrand, und erstreckt sich im Bogen bis zum oberen vorderen Rand des Schwanzstiels. Stimmungsbedingt können auf den Körperseiten zwischen dem Schwanzwurzelfleck und dem Kiemendeckel sechs dunkle Querstreifen auftreten. Die Rückenflosse besitzt einen schmalen orangegelben Saum. Die Körperseiten tragen einen hübschen Metallglanz, insbesondere fallen auf den Flanken fünf blaugrün glänzende Längsstreifen auf.

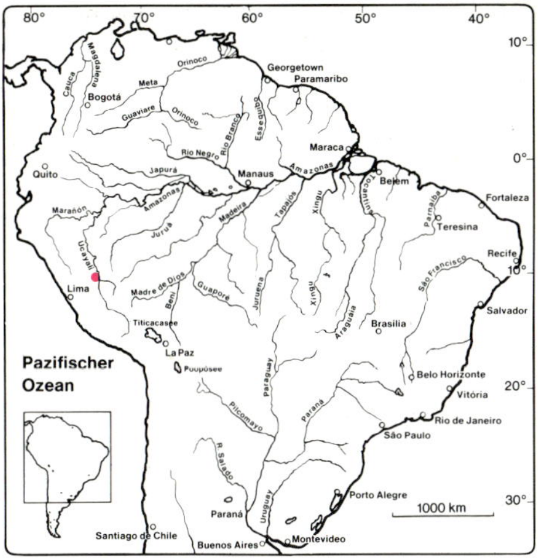

Fundorte von „Aequidens“ spec. (Rio Chinipo)

„Aequidens“ spec. (Rio Chinipo)

Ähnliche Glanzlinien liegen auch unterhalb des Auges in der unteren Kopfregion. Männliche und weibliche Fische sind äußerlich sehr schwer zu unterscheiden. Allerdings besitzen ältere Männchen eine kräftigere Beflossung und eine spitz ausgezogene Rücken- und Afterflosse. Zu den

arttypischen Merkmalen,

die eine Unterscheidung von nahe verwandten Arten ermöglichen, gehört der auffallende blaugrüne Metallglanz, den die Fische auf den Körperseiten tragen, sowie der Schwanzwurzelfleck, der in der oberen Hälfte des Schwanzstieles liegt. Diese Art gehört in den Formenkreis um *Aequidens syspilus* (REGAN, 1905), in dem mehrere

ähnliche Arten

auftreten, die alle den bogenförmig verlaufenden schwarzen Längsstreifen besitzen, denen aber die intensiv blaugrün glänzenden Linien auf den Körperseiten fehlen. Der

natürliche Lebensraum

dieser noch unbeschriebenen „*Aequidens*-Art liegt im oberen Ucayali in Peru. Der einzige bisher bekannte Fundort ist der Rio Chinipo, der ungefähr 10 km südlich der Ortschaft Chicosa in den Ucayali mündet. Dabei handelt es sich um einen Klarwasserfluß, der eine beträchtliche Strömung besitzt. Die Buntbarsche hielten sich jedoch nicht im Hauptgewässer, sondern in stillen Seitenarmen und Restwassertümpeln auf, wo der Boden nicht steinig, sondern sandig war und wo sie zwischen ins Wasser gefallenen Bäumen und Ästen Schutz fanden. Das Wasser war relativ weich und besaß eine deutlich alkalische Reaktion. Weitere Fische dieses Gewässers sind die Buntbarsche *Cichlasoma amazonarum* (vgl. S. 52) und *Crenicichla spec.* (vgl. S. 122), Saugwelse aus den Gattungen *Chaetostoma* und *Hypostomus,* Salmler aus den Gattungen *Phenacogaster, Bryconamericus* sowie *Hemigrammus agulha, Characidium etheostoma, Astyanax maximus* und *A. bimaculatus* sowie ein Süßwasserrochen.
Aquarien ab einer Seitenlänge von einem knappen Meter sind für die

Haltung

dieses Buntbarsches geeignet. Der Behälter wird mit Sand oder feinem Kies, einigen großen Steinen und Moorkienwurzeln eingerichtet. Versteckmöglichkeiten tragen sichtlich zum Wohlbefinden der Fische bei. Obwohl in natürlichen Lebensräumen keine höheren Wasserpflanzen gefunden wurden, kann das Aquarium durchaus sparsam bepflanzt werden, da diese Art pflanzenfreundlich ist. Als Mitbewohner desselben Behälters kommen auch kleinere südamerikanische Cichliden in Betracht, da dieser Buntbarsch relativ friedlich ist.
Alle gängigen Futterarten werden von den Tieren willig gefressen.

Die

Zucht

gelingt nicht immer auf Anhieb, da sich die Fische offenbar nicht beliebig verpaaren lassen. Dieser Buntbarsch gehört zu den larvophilen Maulbrütern, d. h., er laicht nach Art von Offenbrütern auf einem Stein oder einer Wurzel ab. Sobald die Larven schlüpfen, werden sie jedoch in der Mundhöhle gepflegt. Wie unsere Unterwasserbeobachtungen ergaben, bilden die Fische eine Elternfamilie. Bei Gefahr werden die Jungfische sowohl vom Männchen als auch vom Weibchen in das Maul aufgenommen. Diese Beobachtungen wurden später durch POST, der die Art 1984 im Aquarium erstmals zur Fortpflanzung brachte (mdl. Mitt.), bestätigt. Bei einer Wassertemperatur von 27° Celsius beginnt die Maulbrutpflege nach etwa 40 Stunden. Die Jungfische verlassen das Maul der Eltern nach rund einer Woche.

Tabelle Nr. 7

Ort:	Restgewässer am Rio Chinipo (Klarwasserfluß) ca. 10 km südlich von Chicosa (Peru, Depto. Junin)
Sichtweite:	3 m
Farbe:	grünlich
pH-Wert:	7,9
Gesamthärte:	4° dH
Karbonathärte:	4° dH
Leitfähigkeit:	116 μS bei 26° C
Wassertiefe:	< 1 m
Wasserbewegung:	keine
Wassertemperatur:	26° C
Lufttemperatur:	30° C
Datum:	23. 6. 1983 Uhrzeit 11.00 Uhr

Aequidens uniocellatus
(CASTELNAU, 1855)

wurde vom Erstbeschreiber in die Gattung *Chromys* gestellt. Ein jüngeres Synonym ist *Acaronia trimaculata* ALLEN, 1942. Von verschiedenen Autoren wurde diese Art zwischenzeitlich nur als Synonym von *Aequidens tetramerus* (HECKEL, 1840) angesehen. Die maximale Größe der Fische liegt bei knapp 20 cm.

Wichtige Merkmale des Farbkleides dieses Buntbarsches sind ein großer schwarzer Flankenfleck und ein großer Schwanzfleck, der in der oberen Hälfte des Schwanzstieles liegt und von weißsilbernen Schuppen eingerahmt ist. Einzelne derartige Schuppen liegen häufig auch in der unteren Hälfte des Schwanzstieles. Die Iris ist rot bis rotorange getönt. Unter dem Auge befindet sich ein kleiner schwarzer Wangenfleck. Die Brust- und die Kehlregion sind gelblich bis kräftig gelb gefärbt. Unter dem Einfluß bestimmter Erregungszustände und Stimmungen können auf

Fundorte von Aequidens uniocellatus

den Körperseiten ein dunkles Längsband oder eine Anzahl dunkler Querstreifen erscheinen. Die Fische sind isomorph, d. h., Männchen und Weibchen lassen sich äußer-

Aequidens uniocellatus

lich nicht mit Sicherheit unterscheiden.

Arttypische Merkmale,

die eine Identifizierung von *Aequidens uniocellatus* und eine Abgrenzung gegenüber ähnlichen Arten ermöglichen, sind der silbern gesäumte große Schwanzfleck, die silbernen Schuppen auf dem Schwanzstiel sowie die gelben Farbtöne in der Kopf- und Brustregion der Fische.

Die

natürlichen Lebensräume

von *Ae. uniocellatus* befinden sich in Peru, insbesondere im Einzugsgebiet des Ucayali. Wir konnten diese Art im Jahre 1983 sowohl im Gebiet des mittleren Ucayali, in der Umgebung von Pucallpa, als auch in einem kleineren Nebenfluß des Rio Tambo nachweisen. Die Fundorte waren ein durch *Echinodorus,* Seerosen und andere Pflanzen völlig verkrauteter Bach, der in ein kleines Klarwasserflüßchen mündete, sowie ein mit Laub und Holz gefülltes Restgewässer, das zu einem Weißwasserflüßchen gehörte. Wasseranalysen in diesen Gebieten ergaben, daß der pH-Wert im leicht alkalischen Bereich lag. Als Höchstwert erreichte die Gesamthärte 13,5° und die Karbonathärte 16,5° dH.
Die Temperatur des Wassers bewegte sich zwischen 24 und 28,4° Celsius. Zu den Fischen, die an den Fundorten von *Ae. uniocellatus* vorkamen, gehörten *Mesonauta festivus* (vgl. S. 143), *Pterophyllum scalare, Cichlasoma amazonarum* (vgl. S. 52), *Apistogramma cacatuoides* (vgl. Bd. 1, S. 40 ff.) sowie Welse aus den Gattungen *Farlowella, Hypoptopoma* und *Bunocephalus.* Die Beobachtungen in den natürlichen Biotopen lassen den Schluß zu, daß die

Haltung

dieses Cichliden nicht schwierig ist. Die Länge des verwendeten Aquariums sollte mindestens bei einem Meter liegen. Bei seiner Einrichtung ist zu beachten, daß Versteckplätze und Sichtschutzzonen aus Wurzeln, Steinplatten und einigen dichten Pflanzengruppen zum Wohlbefinden der Fische beitragen. Dem Chemismus des Wassers braucht keine besondere Aufmerksamkeit geschenkt zu werden. *Ae. uniocellatus* ist relativ friedlich und läßt sich gut mit anderen südamerikanischen Cichliden vergesellschaften. Als Allesfresser sind die Tiere auch bei der Fütterung überhaupt nicht heikel. Für die

Tabelle Nr. 8

Ort:	Weißwasserbach im Einzugsgebiet der Paca Cocha bzw. Yarina Cocha bei Pucallpa (Peru)
Sichtweite:	starke Trübung
Farbe:	lehmgelb
pH-Wert:	7,6
Gesamthärte:	13,5° dH
Karbonathärte:	16,0° dH
Leitfähigkeit:	499 μS bei 29° C
Wassertiefe:	bis 1 m
Wasserbewegung:	geringe Strömung
Wassertemperatur:	29,0° C
Lufttemperatur:	28,4° C
Datum:	29. 6. 1983 Uhrzeit 16.00 Uhr

Zucht

sind keine besonderen Vorkehrungen notwendig, da die Fische sich auch in einem geräumigen Gesellschaftsaquarium, das allerdings nicht überbesetzt sein sollte, willig fortpflanzen. Sie zeigen die typischen Verhaltensweisen von Offenbrütern. Die Pflege und Verteidigung des Geleges, der Larven und Jungfische übernehmen beide Elternteile gemeinsam. Die Aufzucht der Brut mit zerriebenem Flockenfutter und den Larven des Salinenkrebses gelingt leicht.

Die Gattung Astronotus

ist bereits im Jahre 1839 von SWAINSON beschrieben worden. Von anderen Cichlidengattungen unterscheidet sie sich durch die hohe Zahl von Weichstrahlen in der Rücken- (19–22) und Afterflosse (15–17). Ferner ist der weiche Bereich der unpaaren Flossen dicht mit kleinen Schuppen bedeckt.
Obwohl im Laufe der Zeit mehrere Arten und eine Unterart beschrieben wurden, scheint diese im tropischen Südamerika weit verbreitete Gattung monotypisch zu sein. Ihr einziger Vertreter steht im System der amerikanischen Buntbarsche recht isoliert. Vermutlich stammen seine Vorfahren aus der *Aequidens*-Gruppe.

Astronotus ocellatus

(AGASSIZ, 1831)

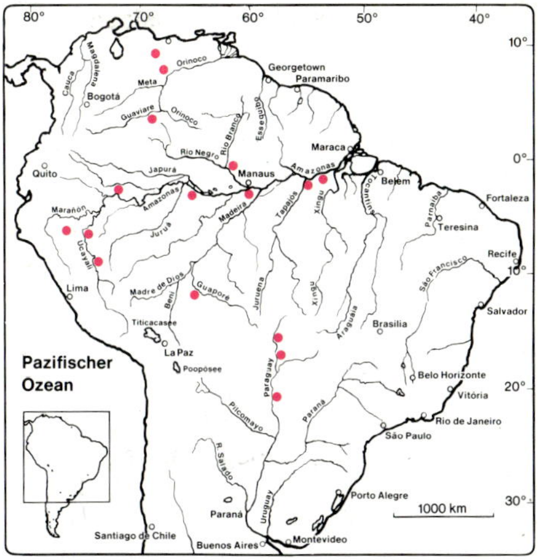

Fundorte von Astronotus ocellatus

trug ursprünglich den Gattungsnamen *Lobotes.* Jüngere Synonyme sind unter anderem *Acara crassipinnis* HECKEL, 1840, *A. compressus* COPE, 1872, sowie *A. hyposticta* COPE, 1878. Wahrscheinlich ist *Astronotus orbicularis* HASEMANN, 1911, ebenfalls zu den Synonymen zu rechnen.

Die Fische können eine Länge von 30 cm erreichen und zählen deshalb in ihren Heimatländern zu den wichtigsten Speisefischen. Ihr Farbkleid wird durch braune bis schwarze wolkige Bänder bestimmt, die auf einem grauen oder gelblichen Untergrund liegen. Anlaß für den Artnamen war ein runder schwarzer Fleck, der in der oberen Hälfte des Schwanzstieles liegt und von einem orangeroten bis goldenen Hof umgeben ist. Einzelne orangerote Schuppen oder Farbzonen können auch auf den Flanken auftreten. Innerhalb des riesigen Verbreitungsgebietes, das diese Art besiedelt hat, kommt es zur Ausbildung unterschiedlicher Farbrassen, die sich vor allem in der Ausdehnung der orangeroten Farbzonen unterscheiden. Ferner gibt es inzwischen eine einfarbig kupferrote Zuchtform, die in der Aquaristik unter der Bezeichnung „Roter Oskar" bekannt wurde. Die Art ist monomorph, d. h., es gibt keine äußeren

Dieses Exemplar von Astronotus ocellatus aus dem Ucayali trägt auffällige Flecken in der Dorsale.

Geschlechtsunterschiede.

Arttypische Merkmale

sind der Augenfleck auf dem Schwanzstiel, die hohe Zahl von Weichstrahlen in der Dorsale und Anale sowie die mit Schuppen bedeckten weichen Bereiche dieser Flossen. Eine Verwechslung mit anderen Arten ist kaum möglich.

Astronotus ocellatus

Natürliche Lebensräume

von *Astronotus ocellatus* sind nach unseren Beobachtungen vor allem strömungsarme Gewässer, d. h. tote Seitenarme und Buchten. Wie wir in Peru feststellen konnten, scheinen sich die Fische bevorzugt im Schutz von im Wasser liegenden Ästen und Baumstämmen aufzuhalten.

Der Pfauenaugenbuntbarsch besitzt eine erstaunlich weite Verbreitung. Die in der Literatur aufgelisteten Fundorte liegen im brasilianischen Amazonasgebiet, in Venezuela (Orinoco, Rio Portuguesa), Kolumbien (Guainia), Peru (Ucayali, Huallaga), Bolivien (Guaporé) und Paraguay (Rio Paraguay). FOWLERS (1954) Hinweis auf ein Vorkommen in den Guayana-Ländern bedarf noch einer Bestätigung.

Infolge der Körpergröße dieses Cichliden ist seine erfolgreiche

Haltung

langfristig nur in sehr großen Aquarien möglich, die mindestens eineinhalb Meter lang sind. Besonders zu beachten ist, daß unverpaarte Tiere bei einem zu gering bemessenen Raum untereinander ausgesprochen unverträglich werden können. Für die Einrichtung des Aquariums werden Kies, größere Steinplatten oder Moorkienwurzeln sowie einige größere robuste Einzelpflanzen benötigt, um Versteckplätze zu schaffen. *A. ocellatus* ist recht widerstandsfähig und anspruchslos, so daß dem Chemismus des Wassers keine besondere Aufmerksamkeit geschenkt werden muß. Gegenüber anderen Cichliden, die eine vergleichbare Körpergröße besitzen, verhält sich der Pfauenaugenbuntbarsch friedlich. Im Alter ist er ein ausgesprochen ruhiger Pflegling. Er ist ein Großbrockenfresser, der bereits im halbwüchsigen Zustand einen großen Nahrungsbedarf hat und deshalb regelmäßig mit zerschnittenem fettarmen Süßwasser- oder Meeresfisch gefüttert werden sollte. Ein gut harmonierendes Paar kann bereits in einem Aquarium, das eine Seitenlänge von 120 Zentimeter hat, zur

Zucht

angesetzt werden. Dieser Cichlide ist ein Offenbrüter, der die Eier auf einem flachen Stein deponiert und die Brut in einer Elternfamilie betreut und verteidigt. Bei größeren Exemplaren kann das Gelege mehrere Hundert Eier enthalten. Bei einer Fütterung mit dem üblichen Aufzuchtfutter wachsen die Jungtiere, die ein sehr hübsches schwarzsilbernes Jugendkleid tragen und ganz anders als die Eltern aussehen, ohne Schwierigkeiten heran.

Tabelle Nr. 9

Ort:	Kleiner Weißwasserfluß im Einzugsgebiet des oberen Ucayali bei Iparia (Peru)
Sichtweite:	starke Trübung
Farbe:	lehmgelb
pH-Wert:	7,3
Gesamthärte:	10° dH
Karbonathärte:	11° dH
Leitfähigkeit:	455 μS bei 28° C
Wassertiefe:	3 m
Wasserbewegung:	leichte Strömung
Wassertemperatur:	28° C
Lufttemperatur:	30° C
Datum:	10. 7. 1981 Uhrzeit 12.30 Uhr

Die Gattung Biotodoma

wurde im Jahre 1903 von EIGENMANN & KENNEDY beschrieben. Da ihre Mitglieder im Besitz eines fleischigen Anhanges am oberen Teil des ersten Kiemenbogens sind, gehört sie in die Gattungsgruppe der Geophaginen. Von nahe verwandten Gattungen unterscheidet sie sich durch den Aufbau des Skeletts der Rückenflosse, das zwei Supraneurale (besondere Knochen im vorderen Rückenflossenskelett) aufweist. Ein in der Aquaristik zu verwendendes Unterscheidungskriterium bildet die Lage des Flankenfleckes, der niemals in der Körpermitte, sondern immer in der hinteren Körperhälfte gelegen ist, und zwar je nach Art direkt unter der Rückenflosse, auf der oberen Seitenlinie oder zwischen den Seitenlinien. Zur Zeit enthält diese kleine Gattung nur zwei Arten. Wahrscheinlich wird demnächst eine weitere, jetzt noch unbeschriebene Spezies hinzukommen.

Aufgrund seiner ausgedehnten Verbreitung besiedelt Astronotus ocellatus nicht nur Weißwasser-, sondern auch Schwarzwasserbiotope wie dieses Gewässer am Rio Negro.

Biotodoma cupido

(HECKEL, 1840)

wurde ursprünglich in der Erstbeschreibung der Gattung *Geophagus* zugeordnet. GÜNTHER (1862) verwendete den Gattungsnamen *Mesops*. Da dieser für die Haltung im Aquarium sehr zu empfehlende Buntbarsch kaum importiert wird, wurde er bisher nur selten gepflegt. Die Fische können eine Länge von rund 15 cm erreichen. Die wichtigsten Merkmale ihres Farbkleides sind eine gut ausgebildete tiefschwarze Augenbinde, ein rundlicher, golden gesäumter schwarzer Seitenfleck, der zwischen dem Grund der Rückenflosse und der oberen Seitenlinie liegt, und eine orangebraune bis rotbraune Farbzone, die sich bei adulten Exemplaren in dem Bereich zwischen dem Rand des Kiemendekkels und der Körpermitte ausbildet. Ein Geschlechtsdimorphismus fehlt weitgehend. Im Alter zeigen Männchen eine kräftigere Beflossung, insbesondere sind die äußeren Strahlen der Schwanzflosse fädig verlängert.

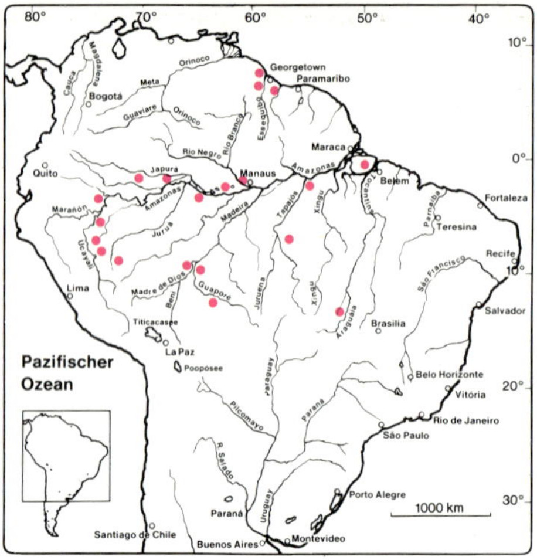

Fundorte von Biotodoma cupido

Arttypische Merkmale

sind der Seitenfleck, der zwischen dem Grund der Dorsale und der oberen Seitenlinie in der hinteren Körperhälfte liegt, sowie die orangebraune Farbzone in der vorderen Körperhälfte.

Ähnliche Arten

sind *Biotodoma wavrini* (GOSSE, 1963), die den Seitenfleck unter der oberen Seitenlinie

Biotodoma cupido

trägt und einen relativ langgestreckten Körper besitzt sowie eine noch unbeschriebene Form aus den Guayana-Ländern, bei der der Seitenfleck auf der oberen Seitenlinie liegt, die aber bisher auch als *Biotodoma cupido* angesprochen wurde.

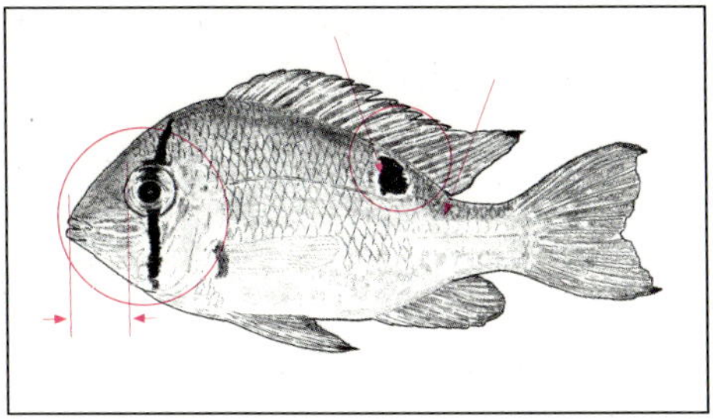

Biotodoma cupido

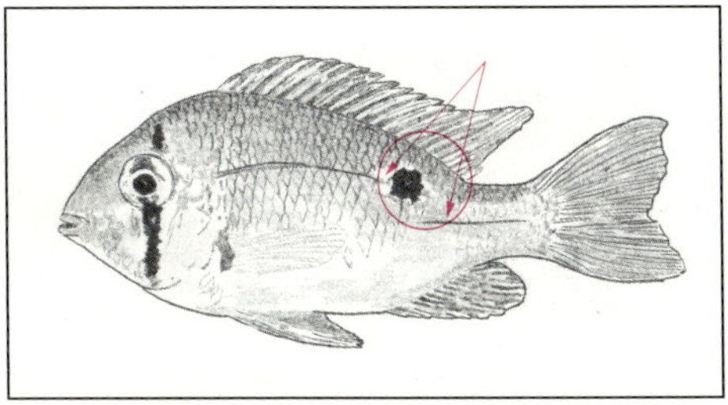

Biotodoma spec.

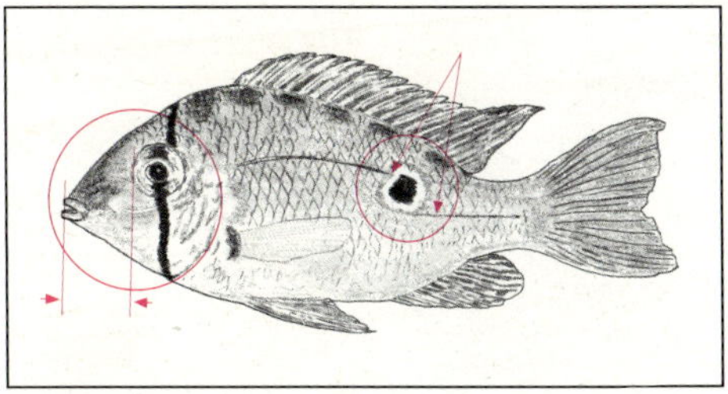

Biotodoma wavrini

Der
natürliche Lebensraum

dieses Buntbarsches erstreckt sich über Brasilien (Rio Solimoes, Rio Negro, Madeira, Araguaia, Tapajos), das nordöstliche Peru (Ucayali) und das Grenzgebiet zwischen Bolivien und Brasilien (Guaporé). Die Nachweise in Guayana (Essequibo, Demerara) beziehen sich wahrscheinlich auf eine andere *Biotodoma*-Art. Aufgrund dieser Verbreitung kann angenommen werden, daß die Fische grundsätzlich in weichen Gewässern auftreten, deren pH-Wert im sauren Bereich liegt. Da sie relativ kleinwüchsig und sehr ruhige Pfleglinge sind, ist eine erfolgreiche

Haltung

auch in vergleichsweise kleinen Aquarien möglich, die eine Seitenlänge von rund einem Meter besitzen. Der Pflegebehälter ist so einzurichten, daß durch Moorkienwurzeln und einige dichtere Pflanzengruppen genügend Schutz- und Versteckzonen vorhanden sind. Als Bodengrund sollte möglichst Sand verwendet werden. Dieser Buntbarsch ist kein gieriger Fresser, benötigt aber dennoch eine gehaltvolle und abwechslungsreiche Kost, die durch die zusätzliche Fütterung von Kleinkrebsen, Weißen Mückenlarven, Regenwurmstückchen und Garnelenfleisch zu erreichen ist. Diese friedliche und bisweilen etwas scheue Art läßt sich nur mit Cichliden vergesellschaften, die ein ähnliches Verhalten besitzen, beispielsweise größere *Apistogramma*-Arten oder andere Zwergcichliden.

Die
Zucht

ist bisher nur ganz selten gelungen. Den ersten ausführlichen Bericht über die Fortpflanzung einer *Biotodoma*-Art veröffentlichte KUHLMANN (1984), bei dem die Fische erstaunlicherweise in recht hartem Wasser (18° Gesamthärte und 9° dH Karbonathärte) ablaichten. Günstiger ist sicher mineralarmes Wasser mit einem pH-Wert im sauren Bereich. Der erste Zuchtbericht läßt eine eindeutige Zuordnung dieser Buntbarsche zum Typus des Offen- oder Höhlenbrüters nicht zu, denn sie laichten in einer kleinen Grube ab, die vorher vom Weibchen angelegt worden war. Beide Eltern beteiligen sich intensiv an der Brutpflege. Allerdings kümmert sich das Weibchen eher um das Gelege und die Larven, während das Männchen die Reviergrenzen verteidigt.

Chaetobranchopsis australis lebt in Lagunen und teichartigen Erweiterungen von kleinen Flüßchen, die häufig typisches Weißwasser führen.

Die Gattung Chaetobranchopsis

ist von STEINDACHNER im Jahre 1875 aufgestellt worden. Sie ist klein und enthält nur drei Arten, die in der Aquaristik wenig bekannt sind. Sehr nahe verwandt ist die Gattung *Chaetobranchus* HECKEL, 1840. Beide unterscheiden sich von allen anderen amerikanischen Buntbarschen durch die ungewöhnlich hohe Zahl von über 50 Kiemenrechen, die sie auf dem unteren Teil des ersten Kiemenbogens tragen. Während die *Chaetobranchus*-Arten in der Afterflosse nur drei Hartstrahlen besitzen, haben die Vertreter der Gattung *Chaetobranchopsis* zwischen fünf und sieben Hartstrahlen in der Anale.

Chaetobranchopsis australis

EIGENMANN & WARD, 1907

Dieser Buntbarsch ist bisher nur ausnahmsweise einmal im Aquarium gepflegt worden, da er in Gebieten vorkommt, aus denen bis jetzt keine regelmäßigen Fischexporte erfolgt sind. Er kann eine Länge von rund 20 cm erreichen. Auf den Körperseiten zeigt er einen silbrigen bis zart messingfarbenen Metallglanz. Die Iris ist blutrot und die untere Kopfregion gelblich bis kräftig gelb gefärbt. Ungefähr in der Mitte des Körpers befindet sich ein größerer schwarzer Fleck, der unmittelbar unter der oberen Seitenlinie beginnt. Im oberen Winkel des Kiemendeckels liegt ein rötlicher bis braunroter Fleck. Auch die mittleren Schuppen der ersten sechs Schuppenreihen, die unmittelbar hinter dem Kiemendeckel liegen, können einen roten Fleck tragen. Da ein deutlich ausgebildeter Sexualdimorphismus fehlt, gestaltet sich die Unterscheidung der Geschlechter schwierig. Das wichtigste

arttypische Merkmal,

das eine Identifizierung dieses Buntbarsches ermöglicht, ist die Zahl der Hartstrahlen in der Afterflosse. Im allgemeinen besitzen die Fische fünf Analstacheln. Zu den

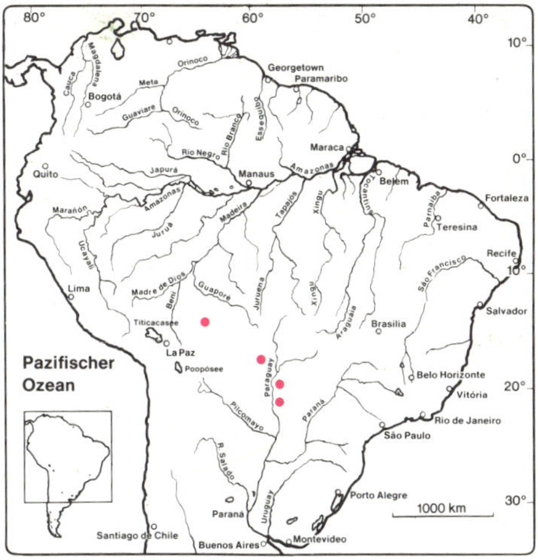

Fundorte von Chaetobranchopsis australis

ähnlichen Arten

mit mehr oder weniger derselben Körpergestalt zählen die *Chaetobranchus*-Arten, deren Anale aber nur drei Hartstrahlen aufweist. *Chaetobranchopsis orbicularis* STEINDACH-

Chaetobranchopsis australis

NER, 1875, hat meist sechs Hartstrahlen in der Anale.
Chaetobranchopsis bitaeniatus AHL, 1936, ist leicht durch den Besitz von zwei dunklen Längsstreifen auf den Flanken zu unterscheiden.

Der
natürliche Lebensraum
dieses Cichliden scheint vor allem im Grenzgebiet zwischen dem südlichen Bolivien bzw. dem nördlichen Paraguay und Brasilien zu liegen. Die bisher publizierten Fundorte liegen alle im Einzugsgebiet des oberen Rio Paraguay in der Umgebung der Orte Bahia Negro und Puerto Suarez sowie am oberen Jaura bei Campos Alegre. Die Verfasser konnten diese Art 1984 erstmals weiter westlich im zentralen Bolivien nachweisen. Unser Fundort liegt im Einzugsgebiet des Rio Mamoré in der Umgebung der Stadt Trinidad. Die Fische lebten in teichartigen Erweiterungen von kleinen Flüßchen und Lagunen, die sich dort überall beiderseits der Überlandstraßen finden. Es handelt sich dabei um typisches Weißwasser, das außerordentlich stark getrübt, aber sehr weich ist und eine saure Reaktion besitzt. Bis auf eine *Utricularia*-Art gab es keine submersen Wasserpflanzen. Dafür wies die Wasseroberfläche dichte Teppiche von Schwimmpflanzen auf, die insbesondere aus *Eichhornia crassipes* bestanden. Zu den am Fundort nachgewiesenen Fischen zählten unter anderem die Cichliden *Cichlasoma boliviense* (vgl. S. 59), *Crenicichla lepidota, Apistogramma spec. nov.* (vgl. Bd. 1, S. 128 ff.), die Salmler *Hoplias malabaricus, Pyrrhulina brevis, Charax gibbosus, Prionobrama filigera, Ctenobrycon spilurus hauxwelliarus,* die Messerfische *Gymnotus carapo, Eigenmannia sp. aff. virescens, Hypopomus spec.* sowie die Welse *Parauchenipterus galeatus* und *Hoplosternum littorale.* Bemerkenswert war der Reichtum an kleinen Garnelen an den Fundorten der Fische.

Tabelle Nr. 10

Ort:	Restgewässer im Einzugsgebiet des Rio Mamoré an der Straße von Trinidad nach Pto. Amacen (Bolivien, Depto. Beni)
Sichtweite:	extreme Trübung
Farbe:	weißlich
pH-Wert:	6,6
Gesamthärte:	1,5° dH
Karbonathärte:	1,0° dH
Leitfähigkeit:	37 µS bei 29° C
Wassertiefe:	> 2 m
Wasserbewegung:	keine
Wassertemperatur:	29° C
Lufttemperatur:	31° C
Datum:	11. 7. 1983 Uhrzeit 15.00 Uhr

Die
Haltung
dieses Cichliden ist langfristig nur in einem Aquarium möglich, dessen Seitenlänge deutlich über einem Meter liegt. Bei der Einrichtung sollte darauf geachtet werden, daß die Fische Versteckplätze in Form von zusammengestellten Moorkienwurzeln oder Steinplatten vorfinden. Obwohl die hohe Zahl von langen, schlanken Kiemenrechen, die für alle *Chaetobranchopsis*-Arten typisch ist, ein Anzeichen dafür ist, daß diese Fische vermutlich zumindest zeitweilig ausgesprochene Kleinbrockenfresser sind, ist aufgrund der Beobachtungen in ihrem natürlichen Lebensraum anzunehmen, daß bei ihrer Ernährung kleine Garnelen eine wichtige Rolle spielen. Im Aquarium sollte man sie deshalb gelegentlich mit zerschnittenen Krabben füttern.

Über die
Zucht
liegen bisher keinerlei Informationen vor, da die Fortpflanzung im Aquarium noch nicht beobachtet wurde. Saures, mineralarmes Wasser erscheint für Zuchtversuche am besten geeignet. Zu beachten ist ferner, daß die Wassertemperatur am Fundort 29° Celsius betrug.

Die Gattung Cichla

ist die älteste der Cichliden-Gattungen, denn sie wurde von BLOCH & SCHNEIDER bereits im Jahre 1801 aufgestellt. Zur Zeit enthält sie drei Arten, die in der Rückenflosse eine tiefe Einkerbung besitzen, die den hartstrahligen vom weichstrahligen Teil trennt. Ihre Verbreitung umfaßt das Orinokobecken, die Guayana-Länder und fast das gesamte Einzugsgebiet des Amazonas.

Cichla ocellaris

BLOCH & SCHNEIDER, 1801

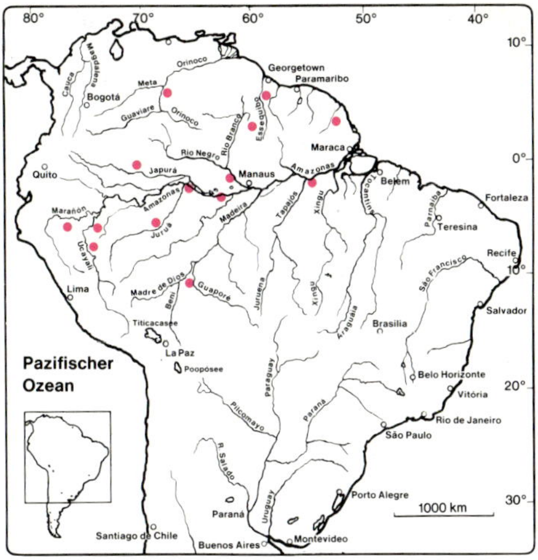

Fundorte von Cichla ocellaris

ist der bekannteste Vertreter der Gattung und bisher zugleich die einzige Art aus dieser Verwandtschaft, die gelegentlich im Aquarium gehalten wurde. Da dieser Fisch eine Länge von 80 cm und ein Gewicht von 3–4 kg erreichen kann, ist er zwar ein imposanter und lohnender Pflegling in den großen Schauaquarien der zoologischen Gärten, aber im Grunde kein Aquarienfisch.

Anlaß für den Artnamen gab ein von einem golden glänzenden Hof umgebender Augenfleck, der im oberen Bereich des Grundes der Schwanzflosse gelegen ist. Jungtiere tragen auf den Körperseiten drei breite schwarze Querbänder, die sich bei erwachsenen Fischen zu unregelmäßigen Flankenflecken reduzieren, die golden gesäumt sind. Die Bauchflossen sowie die After- und die untere Hälfte der Schwanzflosse sind orangerot bis rotbraun gefärbt. Adulte Exemplare besitzen eine auffallend blutrote Iris. Tiere aus der Umgebung von Manaus zeigen zum Teil eine signalrot gefärbte Kehlregion. Äußere Geschlechtsunterschiede sind nicht bekannt.

Das wichtigste
arttypische Merkmal,
das eine Identifizierung lebender Fische

Cichla ocellaris

Cichla ocellaris ist ein beliebter Speisefisch. Diese Fische aus Manaus zeigen eine ungewöhnliche Rotfärbung.

ermöglicht, sind die drei golden gesäumten länglichen Flankenflecken. Ein weiteres Erkennungsmerkmal ist die Einkerbung zwischen dem weichen und harten Teil der Dorsale. Zu den

ähnlichen Arten,

mit denen *Cichla ocellaris* am ehesten verwechselt werden könnte, zählt vor allem *Cichla temensis* HUMBOLDT, 1883. Jene Art ist jedoch leicht an fünf bis sechs Längsreihen kleiner länglicher weißer Flecken zu erkennen, die über die Körperseiten ziehen. Der

natürliche Lebensraum

dieser Spezies ist außerordentlich ausgedehnt. Fundorte sind in der Literatur für Brasilien (Amazonasbecken, insbesondere Rio Solimoes und Rio Negro), die Guayana-Länder (Rupununi, Demerara, Maroni), Venezuela (Orinoko), Peru (Ucayali, Huallaga) und Bolivien (Guaporé) belegt. Die Fische leben sowohl in typischen Schwarz- als auch Weißwasserflüssen. Nach unseren Beobachtungen jagen sie häufig in der der Uferregion unmittelbar vorgelagerten Freiwasserzone. Die erfolgreiche

Haltung

im Aquarium ist wegen der Endgröße dieses Cichliden auf lange Sicht nur in extrem großen Spezialbehältern möglich. Obwohl die Fische rasante Schwimmer sind, zeigen sich größere Exemplare im Aquarium meist ruhig und lauernd, so daß ihr Raumbedarf im Vergleich zu ihrer Größe relativ gering ist. *Cichla ocellaris* ist ein fischfressender Räuber, der deshalb regelmäßig mit entsprechend zerkleinerten Stücken von Süßwasser- oder Meeresfischen gefüttert werden muß. Die

Zucht

ist im Aquarium noch nicht gelungen und dürfte wegen der Größe der Fische auch sehr schwierig sein. Freilandbeobachtungen ergaben, daß *C. ocellaris* ein Offenbrüter ist, der die Nachkommen in einer Elternfamilie pflegt. Wahrscheinlich dienen die auffälligen Augenflecken der Elterntiere dem Jungfischschwarm zur Orientierung.

Cichlasoma

und verwandte Gattungen

Der Name *Cichlasoma* wurde erstmals von SWAINSON im Jahre 1839 verwendet. Er benutzte ihn allerdings, um eine neue Untergattung zu beschreiben. Spätere Autoren bevorzugen teilweise die Schreibung *Cichlosoma* oder die Bezeichnung *Cichlaurus.* Seit ihrer Revision durch REGAN im Jahre 1905 war *Cichlasoma* mit rund 100 gültigen Arten die größte der amerikanischen Cichlidengattungen. Die Mehrzahl ihrer Vertreter sind im engeren Sinne des Wortes wirklich mittelamerikanische Buntbarsche, denn ihre Verbreitung liegt zwischen der Landenge von Panama und der Landenge von Tehuantepec. Aus den weiter südlich gelegenen Gebieten wurden 19 Arten beschrieben, die als die eigentlich südamerikanischen Vertreter der Gattung angesehen wurden. Hinzu kommen knapp 20 Arten, die nördlich der Landenge von Tehuantepec vorkommen, und fünf Arten, die auf Karibik-Inseln ihre natürliche Verbreitung haben.
REGAN machte bereits deutlich, daß sich innerhalb dieser offenbar nicht homogenen und infolge ihrer Größe recht unübersichtlichen systematischen Einheit mehrere Gruppen enger miteinander verwandter Arten unterscheiden lassen, die er zu Sektionen zusammenfaßte, die systematische Kategorien bilden, die zwischen der Untergattung und der Art stehen. Für die mittelamerikanischen Arten haben sich diese Bezeichnungen *(Thorichthys, Theraps* etc.) inzwischen auch in der aquaristischen Literatur bewährt.
Um die verwandtschaftlichen Verhältnisse

innerhalb des heterogenen *Cichlasoma*-Komplexes deutlicher herauszuarbeiten, entschloß sich nun KULLANDER (1983) in seiner Überarbeitung südamerikanischer *Cichlasoma* neuerdings dazu, diesen Gattungsnamen nur noch für eine kleine Gruppe von 12 Arten zu verwenden, von denen acht bislang unbeschrieben waren. Diese Maßnahme hat erhebliche Auswirkungen auf die Benennung der restlichen Buntbarsche, die von REGAN als *Cichlasoma* eingestuft wurden, denn sie dürfen diesen Gattungsnamen jetzt nicht mehr führen, andererseits steht aber bisher zumeist kein neuer Name zur Verfügung. Die betreffenden Arten werden deshalb im folgenden als sogenannte *„Cichlasoma"* bezeichnet, d. h., der Gattungsname wird in Anführungszeichen gesetzt.

Während die Gattung *Cichlasoma* im Sinne von REGAN unter anderem dadurch gekennzeichnet war, daß ihre Vertreter mehr als drei Hartstrahlen in der Afterflosse besitzen, enthält die Gattung nach ihrer Neudefinition durch KULLANDER Arten, die 3–4, in Ausnahmefällen auch 2–6 Analstacheln besitzen. Von anderen Gattungen unterscheidet sich die nun verkleinerte Gattung unter anderem durch die relativ geringe Zahl von 22–25 Schuppen, die in der Längsreihe gezählt werden, und die Zahl der Sinnesporen in der Kopfregion. Diese und weitere Merkmale sind aber für die aquaristische Praxis nur von geringer Bedeutung.

In den Klarwasserflüssen Mexikos leben zahlreiche Buntbarsche, die früher der Gattung Cichlasoma zugeordnet wurden.

„Cichlasoma“ (Amphilophus) alfari

MEEK, 1907

Fundorte von „Cichlasoma“ (Amphilophus) alfari

Ein Synonym für diesen mittelamerikanischen Cichliden aus der Sektion *Amphilophus* ist *„Cichlasoma“ lethrinus* REGAN, 1908. Nach Deutschland ist er erstmals im Jahre 1981 durch WERNER lebend eingeführt worden, der ihn im Rio Pacuare, Rio Santa Maria und im Rio Blanco (Costa Rica) fing. Die maximale Gesamtlänge, die für Exemplare aus den natürlichen Lebensräumen belegt ist, beträgt 17 Zentimeter.

Der Körper der Fische ist in der Rückenregion graubraun, in der Bauchregion hellgrau gefärbt. Der untere Bereich des Kopfes ist orange, die Kehl- und die Brustregion sind rosa getönt. Auf den Flanken können sechs verwaschene dunkle Querstreifen sowie ein dunkles Längsband ausgebildet sein, das die Schwanzwurzel mit dem Auge verbindet. Dort, wo sich der dritte Querstreifen mit dem Längsband kreuzt, liegt unmittelbar unter der Seitenlinie ein tiefschwarzer Fleck. Ein

„Cichlasoma“ (Amphilophus) alfari

Schwanzwurzelfleck ist im allgemeinen nur schwach angedeutet. Unterhalb des Auges und auf dem Kiemendeckel liegt eine Anzahl blaugrüner Glanzflecken. Die Rückenflosse trägt einen auffallenden signalroten Saum. Die Bauchflossen sehen gelborange aus. An einigen Fundorten weisen die Fische in der unteren Hälfte der Schwanzflosse sowie im hinteren Teil der After- und Rückenflosse kräftige Rottöne auf. Da ein deutlicher Sexualdimorphismus fehlt, sind die Geschlechter nur sehr schwer zu unterscheiden. Allerdings besitzen ältere Männchen eine stärker ausgebildete Beflossung und ein weniger intensives Streifenmuster.

Arttypische Merkmale

an denen man diesen Cichliden erkennen könnte, bilden das Muster aus einem dunklen Längs- und mehreren Querstreifen, der orangefarbene Kopf sowie die rosa gefärbte Kehle und Brust. Charakteristisch für diese Art ist ferner der Besitz von zumeist 17 oder 18 Hartstrahlen in der Dorsale. Bemerkenswert ist ferner, daß es zwischen den atlantischen und den pazifischen Populationen der Art so deutliche Unterschiede gibt, daß BUSSING (1966) von zwei Unterarten spricht. Die pazifische Unterart unterscheidet sich von der hier im Foto vorgestellten atlantischen Subspezies durch einen schlankeren Körper, eine Reduktion der Glanzflecken auf den Wangen und dem Kiemendeckel und einem unvollkommenen Längsstreifen, der meist nur im vorderen Bereich des Körpers ausgebildet ist.

Zu den

ähnlichen Arten

aus der Sektion *Amphilophus* gehört insbesondere *„Cichlasoma" diquis* BUSSING, 1974. Bei jener Art sind die Querstreifen zum Teil gegabelt. Ferner fehlen die blaugrünen Glanzpunkte und die rosa Brustregion. Jene Art besitzt in der Regel nur 16 Hartstrahlen in der Rückenflosse.

Die Verbreitung von *„Cichlasoma" alfari* erstreckt sich auf der atlantischen Seite Mittelamerikas vom östlichen Honduras über Nikaragua und Costa Rica bis ins westliche Panama. Auf der pazifischen Seite liegen die

natürlichen Lebensräume

ausschließlich in Costa Rica. Als Fundorte sind dort vor allem die Einzugsgebiete des Rio Bebedero und des Rio Tárcoles belegt. Auf der atlantischen Seite von Costa Rica tritt dieser Buntbarsch unter anderem im Einzugsgebiet der Flüsse Madre de Dios, Reventazón, Sarapiqui, San Carlos und Arenal auf. Die Fische bewohnen sowohl weiche als auch mittelharte Gewässer, deren pH-Wert sich vom leicht sauren bis in den leicht alkalischen Bereich bewegen kann. Deshalb braucht dem Wasserchemismus bei der

Haltung

dieses Cichliden keine besondere Aufmerksamkeit geschenkt zu werden. Ein Aquarium, das eine Seitenlänge von rund einem Meter besitzt, ist für seine Pflege geeignet. Es wird mit großen Steinen und Moorkienwurzeln so eingerichtet, daß Zufluchtsstätten entstehen und eine Abgrenzung verschiedener Reviere erleichtert wird. Unter der Voraussetzung, daß robuste Gewächse verwendet werden, kann der Behälter auch bepflanzt werden. Als Mitbewohner desselben Aquariums sind andere mittelgroße mittelamerikanische Cichliden zu empfehlen, insbesondere Arten aus den Sektionen *Archocentrus* oder *Thorichthys.* Ausgewachsene Tiere benötigen eine kräftige Ernährung in Form von Fischstückchen und Krebsfleisch (Krabben). Die

Zucht

ist in einem artgemäßen Aquarium nicht schwierig. *„Cichlasoma" alfari* ist ein Offenbrüter. Männchen und Weibchen kümmern sich gemeinsam um die Pflege und Verteidigung von Eiern, Larven und Jungfischen. Anfangs werden die Jungtiere am zweckmäßigsten mit den Naupliuslarven von *Artemia salina* und fein zerriebenem Flockenfutter ernährt.

Seerosenbestände sind ein beliebter Aufenthaltsort von Buntbarschen.

Cichlasoma amazonarum

KULLANDER, 1983

Bis zu seiner Zuordnung zu einer eigenständigen Spezies im Jahre 1983 wurde dieser Buntbarsch der Art *Cichlasoma bimaculatum* (LINNAEUS, 1758) zugerechnet. Die in den natürlichen Lebensräumen gefangenen Exemplare haben höchstens eine Länge von gut 12 cm. Im Aquarium können die Fische jedoch etwas größer werden.

Sie besitzen keine auffälligen Farben. Der Körper zeigt ein helles Graubraun bis Braun, auf dem eine Reihe schwärzlicher Zeichnungen in Erscheinung treten. Die wichtigsten Merkmale sind ein Schwanzfleck in der oberen Hälfte der Schwanzwurzel, der oft zu einem Querstreifen erweitert ist, ein großer Seitenfleck, der in der Mitte der Flanken unmittelbar unter der oberen Seitenlinie liegt, und ein kleiner Wangenfleck unter dem Auge. Ferner tritt ein schwarzer Längsstreifen auf, dessen vorderer Abschnitt, der sich zwischen dem Auge und dem Seitenfleck erstreckt, in der Regel weit kräftiger gefärbt ist als der hintere Abschnitt. Schließlich können auch noch acht Querstreifen auf den Körperseiten angedeutet sein. Der obere Teil der Iris ist rot gefärbt. Die Geschlechter sind äußerlich nicht mit Sicherheit zu unterscheiden.

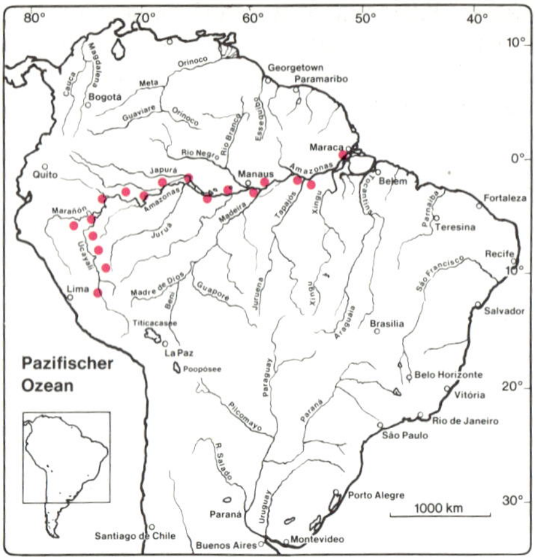

Fundorte von Cichlasoma amazonarum

Zu den
arttypischen Merkmalen,
die eine Identifizierung von *Cichlasoma amazonarum* und eine Abgrenzung gegenüber ähnlichen Arten ermöglichen, gehören der Besitz einer Vielzahl winziger Schuppen auf dem Grund der Rücken- und Afterflosse sowie das Fehlen eines deutlich ausgebildeten Längsstreifens in der hinteren Körper-

Cichlasoma amazonarum

hälfte. Wichtig ist ferner, daß dieser Cichlide meist vier Hartstrahlen in der Afterflosse besitzt, obwohl Abweichungen von dieser Zahl gelegentlich auftreten können.

Zu den

ähnlichen Arten

mit ebenfalls vier Analstacheln gehören *Cichlasoma orientale* KULLANDER, 1983, mit einem kräftigen Längsstreifen auf dem hinteren Körper, *C. santifranciscense* KULLANDER, 1983, mit einer ungefleckten Schwanzflosse sowie *C. orinocense* KULLANDER, 1983, und *C. taenia* (BENNET, 1831), die beide auf der Basis von Dorsale und Anale eine weniger kräftige Beschuppung als *C. amazonarum* besitzen.

Die

natürlichen Lebensräume

von *C. amazonarum* liegen weit über das Amazonasgebiet verstreut. Fundorte sind für den gesamten Ucayali (Peru) sowie den Rio Solimoes und den Amazonas (Brasilien) belegt. Wir konnten diesen Buntbarsch auf mehreren Reisen wiederholt im Einzugsgebiet des mittleren und oberen Ucayali sowie am Rio Tambo nachweisen, wo er an vielen Stellen der häufigste Cichlide ist. Er kommt dort meist im Weißwasser vor, wurde von uns aber auch im Rio Chinipo, einem typischen Klarwasserfluß, gefangen. Kennzeichnend für diesen Buntbarsch scheint zu sein, daß er sowohl fließendes als auch tiefes Wasser nach Möglichkeit meidet. Die von ihm bevorzugten Biotope sind tote Seitenarme mit geringem Wasserstand und Restgewässer, in denen es viel Laub und Äste gibt oder die von Pflanzen verkrautet sind. Manches deutet darauf hin, daß er auch in relativ sauerstoffarmen Gewässern überleben kann. Wasseranalysen an einer ganzen Reihe von Fundorten ergaben pH-Werte zwischen 7,1 und 7,9. Die Gesamthärte schwankte zwischen 4 und 13,5° und die Karbonathärte zwischen 4 und 16,5° dH. Die Wassertemperatur wurde mit 26 bis 29° Celsius ermittelt. Obwohl *C. amazonarum* in den unterschiedlichsten Gewässern auftritt, scheint für diesen Cichliden bezeichnend zu sein, daß er sehr häufig in ausgesprochenen *Apistogramma*- und Killifischbiotopen anzutreffen ist. Wir fingen ihn häufig mit *A. eunotus, A. cacatuoides* (vgl. Bd. 1, S. 40 u. 50) sowie Killifischen aus den Gattungen *Pterolebias* und *Rivulus*.

Haltung

Aus den Beobachtungen in den natürlichen Lebensräumen dieses Buntbarsches läßt sich bereits ablesen, daß er ein anpassungsfähiger und wenig empfindlicher Pflegling ist, den auch Anfänger erfolgreich halten können. Einem harmonierenden Paar bietet ein Aquarium mit einer Seitenlänge von einem knappen Meter ausreichend Raum. Es sollte gut bepflanzt sein und auch größere Wurzeln und Steine enthalten, denn die Fische fühlen sich nur wohl, wenn sie ausreichend Deckung finden. Ihre Ernährung ist einfach, da sie alle gängigen Futtermittel gern fressen. Der Chemismus des Wassers spielt bei der Pflege dieser widerstandsfähigen Art keine große Rolle. Da sie relativ friedlich ist, läßt sie sich gut mit anderen Fischen in einem Gesellschaftsaquarium halten. Wenn es nicht überbesetzt ist und genügend Raum bietet, kann darin auch die

Zucht

gelingen. Die Fische zeigen die Verhaltensweisen typischer Offenbrüter und laichen auf einer festen Unterlage ab. Die Larven werden an geschützter Stelle in einer Vertiefung oder Grube deponiert. An der Brutpflege beteiligen sich beide Elternfische. Die Jungtiere lassen sich mit zerriebenem Flockenfutter und den Larven des Salinenkrebses aufziehen.

Tabelle Nr. 11

Ort:	Restgewässer am Rio Chinipo (Klarwasserfluß) ca. 10 km südlich von Chicosa (Peru, Depto. Junin)
Sichtweite:	3 m
Farbe:	grünlich
pH-Wert:	7,9
Gesamthärte:	4° dH
Karbonathärte:	4° dH
Leitfähigkeit:	116 μS bei 26° C
Wassertiefe:	$<$ 1 m
Wasserbewegung:	keine
Wassertemperatur:	26° C
Lufttemperatur:	30° C
Datum:	23. 6. 1983 Uhrzeit 11.00 Uhr

„Cichlasoma" (Parapetenia) bartoni

(BEAN, 1892)

Fundorte von „Cichlasoma" (Parapetenia) bartoni

Dieser Buntbarsch wurde ursprünglich in der Erstbeschreibung der Gattung *Acara* zugeordnet. In der Literatur finden sich Größenangaben zwischen 20 und 25 cm. Unsere Untersuchungen in den natürlichen Lebensräumen ergaben, daß die Weibchen dort bereits mit einer Länge von siebeneinhalb und die Männchen mit neun Zentimetern voll geschlechtsreif sind und sich fortpflanzen.

Im Brutpflegekleid gehört dieser Buntbarsch zu den auffälligsten Cichliden. Die Stirn und der Bereich oberhalb der oberen Seitenlinie sowie die unpaaren Flossen sind dann silbrigweiß getönt. Der restliche Körper ist bis auf einige wenige grün glänzende Schuppen tiefschwarz gefärbt. Die Iris sieht mit Ausnahme ihres oberen vorderen Viertels, das golden glänzt, ebenfalls schwarz aus. Bei neutraler Grundstimmung zeigen die Fische jedoch ein unscheinbares Farbkleid: Auf grüngrauem bis beigefarbenem Untergrund können sie dann ein unregelmäßiges Muster kleiner schwarzer Flecken und Tüpfel tragen, so daß die Flanken schwarz meliert wirken. Meist ist jedoch das schwarze Farbmuster auf eine Längsreihe verschieden großer, sehr unregelmäßiger Flecken begrenzt, die hinter dem Auge

„Cichlasoma" (Parapetenia) bartoni in neutraler Färbung.

beginnt und sich bis zum Schwanzwurzelfleck erstreckt, bisweilen aber auch nur in der hinteren Körperhälfte ausgebildet ist. Da dieser Buntbarsch isomorph ist, gibt es keine äußeren Merkmale, aufgrund derer die Geschlechter zu unterscheiden wären.

Arttypische Merkmale,

die eine Identifizierung dieser Spezies ermöglichen, sind das unverwechselbare Brutpflegekleid und der Besitz von vier Hartstrahlen in der Afterflosse. Zu den

ähnlichen Arten

zählt vor allem *„Cichlasoma" labridens* (PELLEGRIN, 1903), eine Spezies, die dieselben Lebensräume bewohnt. Sie hat jedoch im allgemeinen fünf bis sechs Hartstrahlen in der Anale und eine gänzlich andere Brutpflegefärbung. *„C." bartoni* wurde von REGAN (1908) der *Cichlasoma*-Sektion *Parapetenia* zugeordnet. Der

natürliche Lebensraum

dieses Buntbarsches liegt im nordöstlichen Mexiko, und zwar im Bundesstaat San Luis Potosi. Seine Verbreitung ist ungewöhnlich begrenzt und auf das Gebiet des oberen Rio Verde beschränkt, das zum Einzugsbereich des Rio Panuco gehört. Die Fundortangaben sind etwas widersprüchlich, da als Typusfundort Huasteca Potosina aufgeführt wird, jüngere Autoren jedoch die Auffassung vertreten, daß diese Art heutzutage in Gewässern, die in der Umgebung der Stadt Rio Verde liegen, endemisch ist. Wir konnten sie dort sowohl in der Laguna Media Luna als auch in der Laguna Los Anteojitos und in

Tabelle Nr. 12

Ort:	Laguna Media Luna bei der Stadt Rio Verde (San Luis Potosi, Mexiko)
Sichtweite:	etwa 20 m
Farbe:	bläulich
pH-Wert:	7,9
Gesamthärte:	53° dH
Karbonathärte:	11° dH
Leitfähigkeit:	1680 µS bei 30,5° C
Wassertiefe:	30 m
Wasserbewegung:	keine
Wassertemperatur:	30,5° C
Lufttemperatur:	26,0° C
Datum:	24. 3. 1983 Uhrzeit 16.00 Uhr

„Cichlasoma" (Parapetenia) bartoni bei der Brutpflege im natürlichen Lebensraum.

Bewässerungskanälen beobachten. Die Fische leben in sehr klarem Wasser, das äußerst hart war und eine deutlich alkalische Reaktion zeigte. Bemerkenswert ist, daß dieser Cichlide in der Laguna Media Luna seine Brutreviere in relativ großer Tiefe hatte, nämlich in dem Bereich zwischen vier und zehn Meter. In den ufernahen Zonen des Gewässers hielten sie sich häufig im Schutze von Seerosen auf. Durch das Aussetzen von ostafrikanischen Buntbarschen in den natürlichen Lebensräumen von *„C." bartoni* ist diese Spezies neuerdings zu den akut bedrohten Arten zu zählen (vgl. STAECK & SEEGERS, 1984).

Die
Haltung

von *„Cichlasoma" bartoni* ist nicht schwierig, da dieser Buntbarsch robust und widerstandsfähig ist. Allerdings sollte man ihn nicht in extrem weichem oder saurem Wasser pflegen. Für ein harmonierendes Paar bietet ein Aquarium mit einer Seitenlänge von gut einem Meter ausreichend Raum, das mit größeren Steinen, Wurzeln und Pflanzengruppen eingerichtet ist. Die Fische sind gierige Fresser, die alle gängigen Futterarten annehmen. Größere Tiere sollten regelmäßig mit zerschnittenem See- oder Süßwasserfisch gefüttert werden. Die

Zucht

gelingt leicht. Nach Art der Offenbrüter laichen die Fische auf Steinen ab. Sie betreuen das Gelege, die Larven und Jungtiere in einer Elternfamilie.

„Cichlasoma" (Theraps) bifasciatum

(STEINDACHNER, 1864)

Fundorte von „Cichlasoma" (Theraps) bifasciatum

Dieser mittelamerikanische Buntbarsch aus der Sektion *Theraps* ist ursprünglich als *Heros bisfasciatus* beschrieben worden. Einzelexemplare wurden von SCHULZ bereits Ende der 70er Jahre nach Europa eingeführt. Sowohl von uns als auch von STAWIKOWSKI & WERNER erfolgte dann im Jahre 1983 die erneute Einfuhr von einigen lebenden Fischen nach Deutschland. Diese Art kann eine Länge von rund 30 Zentimeter erreichen. Die wichtigsten Merkmale im Farbkleid dieser Spezies sind zwei schwarze Längsstreifen, die über die Körperseiten ziehen. Der untere beginnt über dem Ansatz der Brustflossen am Rand des Kiemendeckels und erstreckt sich bis zum Grund der Schwanzflosse. Der obere, der in etwa im Bereich der oberen Seitenlinie verläuft, beginnt etwas weiter hinten und endet unter dem Ansatz der letzten Rückenflossenstrahlen oder auf dem vorderen oberen Rand des Schwanzstieles. Dieses zweite Band ist nicht immer als Streifen ausgebildet, sondern kann auch als wolkige schwarze Farbzone erscheinen. Der Kopf der Fische, meist aber auch ihr Nacken sowie die vordere Rückenregion zeigen einen intensiven grünen bis grüngelben Glanz. Die Kehle, die Brust und die Bauchregion sind rot gefärbt. Der restliche Körper sieht dagegen intensiv goldgelb aus. Bei adulten Exemplaren sind

„Cichlasoma" (Theraps) bifasciatum

Kopf und Nacken mit kleinen roten Flecken übersät. Die Schwanzflosse trägt hinten einen breiten roten Saum. Auch die weichstrahligen Teile der Rücken- und Afterflosse sind rötlich getönt. Die Art ist isochromatisch und isomorph, d. h., die Geschlechter lassen sich nicht mit Sicherheit an Kennzeichen der Färbung oder Gestalt unterscheiden. Zu den

arttypischen Merkmalen

von *„Cichlasoma" bifasciatum* zählt insbesondere das Farbkleid der Fische, das keine dunklen Querstreifen, dafür aber zwei schwarze Längsbänder aufweist. Charakteristisch ist ferner die Rotfärbung in der Kehl-, Brust- und Bauchregion. In der Sektion *Theraps* gibt es mehrere sehr

ähnliche Arten,

zu denen unter anderem *„Cichlasoma" guttulatum* (GÜNTHER, 1864) und *„C." fenestratum* (GÜNTHER, 1860) gehören. Beide Arten haben zwar mehr oder weniger dieselbe Körpergestalt und auch zum Teil vergleichbare Farbmuster, ihnen fehlt jedoch der obere Querstreifen auf den Flanken, der für *„C." bifasciatum* kennzeichnend ist.

Die

natürlichen Lebensräume

dieses Buntbarsches liegen im nordwestlichen Guatemala (Umgebung der Laguna de Peten) und im mexikanischen Bundesstaat Chiapas (Einzugsgebiet des Rio Usumacinta). Bei ALVAREZ (1970) findet sich als Verbreitungsangabe das Flußgebiet des Rio Coatzacoalcos, was jedoch offensichtlich auf einem Irrtum beruht. Wir fingen und beobachteten diese Spezies im Rio Nututun in der Umgebung der Stadt Palenque. Dieses Gewässer ist ein typisches Klarwasserflüßchen mit steinigem Untergrund und einer erheblichen Strömungsgeschwindigkeit. *„C." bifasciatum* hielt sich dort bevorzugt in den tieferen, ruhigeren Bereichen des Flusses auf, wo er Schutz zwischen ins Wasser gefallenen Ästen oder großen Steinen fand. Brutpflegende Paare waren jedoch meist im Flachwasser zu beobachten, wo es auch sandigen Untergrund gab. Wasseranalysen am Fundort ergaben mittlere Härtegrade und einen pH-Wert im deutlich alkalischen Bereich. Weitere Cichliden dieses Biotops waren *Petenia splendida* (vgl. S. 148), *„Cichlasoma" intermedium* (S. 81), *„C." salvini,*

„Cichlasoma" (Theraps) bifasciatum im natürlichen Lebensraum.

Wir fingen „C." bifasciatum ın typischen Klarwasserbiotopen mit starker Strömung.

„C." lentiginosum (S. 86) und *Thorichthys helleri.* Ferner lebten in demselben Lebensraum Salmler *(Astyanax fasciatus),* lebendgebärende Zahnkarpfen *(Poecilia sphenops),* Ährenfische *(Chirostoma spec.),* Welse und Grundeln. Für die

Haltung

dieses Großcichliden kommen auf Dauer nur sehr geräumige Behälter in Betracht, die über eineinhalb Meter lang sind. Die Einrichtung des Aquariums erfolgt mit großen Steinen und Wurzeln, die so zusammengestellt werden, daß einige Versteckplätze entstehen. Auf eine Bepflanzung sollte weitgehend verzichtet werden. Empfehlenswert sind höchstens wenige große, robuste Einzelpflanzen oder *Anubias-* und Farnarten, die oben auf den Steinaufbauten festwachsen. Um die prächtige Färbung der Fische zu erhalten, muß der Fütterung besondere Beachtung geschenkt werden. Eine abwechslungsreiche Ernährung kann durch zerschnittenen Fisch sowie das Fleisch von Krabben und Garnelen gewährleistet werden. Unter der Voraussetzung, daß ein harmonierendes Paar vorhanden ist, treten bei der

Zucht

keine besonderen Probleme auf. *„Cichlasoma" bifasciatum* ist ein typischer Offenbrüter, der bevorzugt flache Steine als Laichsubstrat wählt. Beide Elternteile beteiligen sich an der Brutpflege und versorgen und verteidigen gemeinsam die Nachkommen. Als erstes Futter für die Fischbrut haben sich Salinenkrebsnauplien und zerkleinertes Flockenfutter bewährt.

Tabelle Nr. 13

Ort:	Rio Nututun bei Palenque (Chiapas, Mexiko)
Sichtweite:	ca. 3 m
Farbe:	grünlich
pH-Wert:	8,85
Gesamthärte:	12,5° dH
Karbonathärte:	12,0° dH
Leitfähigkeit:	1200 µS bei 27° C
Wassertiefe:	1,50 – 3,50 m
Wasserbewegung:	starke Strömung
Wassertemperatur:	27° C
Lufttemperatur:	30° C
Datum:	2. 4. 1983 Uhrzeit 14.00 Uhr

Cichlasoma boliviense

KULLANDER, 1983

Bis zur Beschreibung dieser Art sind die ihr zugeordneten Fische im allgemeinen als *Aequidens portalegrensis* angesehen worden. Sie können eine Länge von gut 12 cm erreichen.

Die wichtigsten dunklen Zeichnungen, die in ihrem Farbkleid auftreten, sind ein kleiner Schwanzwurzelfleck, der am oberen Rand des Schwanzflossengrundes bzw. des Schwanzstieles liegt, ein Seitenfleck, der ungefähr in dem Bereich des 8.–10. Dorsalstachels unmittelbar unter der Seitenlinie gelegen ist, sowie ein Wangenfleck in Form eines im Bogen verlaufenden Striches am hinteren bzw. unteren Rand des Auges. Sieben bis acht Quer- und ein Längsstreifen treten nur andeutungsweise auf. Die hintere Körperhälfte wirkt häufig schwarz meliert, da viele Schuppen einen dunklen Fleck tragen. Im hinteren Bereich der After- und Rückenflosse sowie in der Schwanzflosse können zart gelbe Farbtöne auftreten. Auch die Wangen

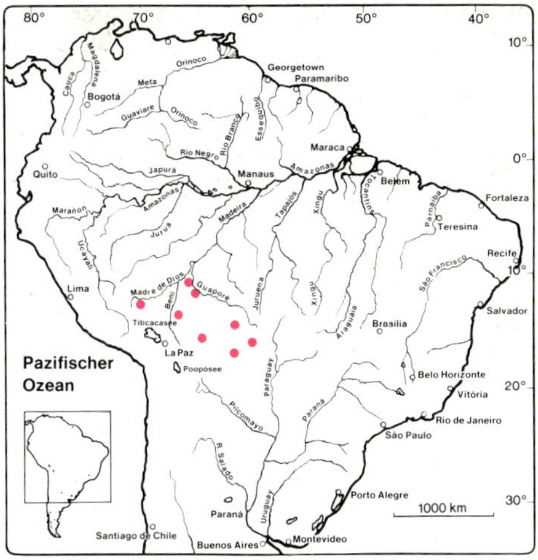

Fundorte von Cichlasoma boliviense

glänzen gelblich. Da die Fische isomorph sind, können die Geschlechter an Hand äußerer Merkmale nicht unterschieden werden. Ein wichtiges

Cichlasoma boliviense

arttypisches Merkmal

dieser Spezies besteht darin, daß die Basis der unpaaren Flossen dicht mit winzigen Schuppen bedeckt ist. Ferner besitzt *C. boliviense* in der Regel nur drei Hartstrahlen in der Anale. Für die aquaristische Praxis ist ferner wichtig, daß dieser Cichlide im allgemeinen am Grund der Schwanzflosse ein Muster von zwei oder drei schmalen senkrechten schwarzen Streifen trägt und daß die hintere Körperhälfte ein schwarzes Punktmuster aufweist.

Ähnliche Arten

mit ebenfalls nur drei Analstacheln sind *Cichlasoma araguaiense* KULLANDER, 1983, mit einer ungefleckten Schwanzflosse, *C. pusillum* KULLANDER, 1983, mit einem stark vergrößerten Wangenfleck und einer unregelmäßigen Fleckenzeichnung auf dem Kiemendeckel, *C. dimerus* (HECKEL, 1840) mit einer blaugrünen Färbung des Kopfes und der Flanken, sowie *C. portalegrensis* (HENSEL, 1870) mit nur 11–15 Zähnen in der äußeren Halbseite des Unterkiefers.

Die

natürlichen Lebensräume

von *C. boliviense* liegen im bolivianischen Teil des Amazonasgebietes, das zum Einzugsgebiet des Rio Madeira gehört. Stellenweise ist diese Art dort der häufigste Buntbarsch. Im Jahre 1983 konnten wir die Fische mehrfach sowohl in der Umgebung von Trinidad (Rio Mamoré) als auch bei Santa Cruz (Rio Japacani und Rio Grande) nachweisen. Die Analyse der von uns an einer ganzen Reihe von Fundorten ermittelten Wasserwerte ergibt, daß *C. boliviense* in der Natur unter ganz verschiedenen Umweltbedingungen anzutreffen ist. Die Gesamthärte schwankte zwischen knapp 1 und 15° dH, die Karbonathärte zwischen knapp 1 und 16,5° dH. Die gemessenen pH-Werte lagen zwischen 5,7 und 7,8. Die Wassertemperatur bewegte sich zwischen 24 und 29,5° Celsius. Aufgrund unserer Beobachtungen scheint sich dieser Buntbarsch augenscheinlich bevorzugt in stehenden Gewässern und im Schutze dichter, verkrauteter Pflanzenbestände aufzuhalten. Zum Teil handelte es sich dabei um überflutete Landvegetation, zum Teil um Schwimmpflanzen *(Eichhornia crassipes, E. azurea)* und submerse Gewächse *(Echinodorus)*. Die Fische traten auch in stark erwärmten Restgewässern auf, die sehr sauerstoffarm waren. In den natürlichen Lebensräumen waren sie mit *Crenicichla lepidota, „Aequidens" vittatus, „Ae." dorsiger* (vgl. Bd. 1, S. 18 ff.), verschiedenen *Apistogramma*, Welsen *(Rhineloricaria, Pimelodella, Hoplosternum)*, Messerfischen *(Eigenmannia, Hypopomus)* und Salmlern *(Moenkhausia, Hemigrammus, Prionobrama, Cheirodon, Pyrrhulina)* auf.
Wie sich aus den Beobachtungen in den natürlichen Lebensräumen von *C. boliviense* ablesen läßt, ist diese Art robust und anpassungsfähig, so daß bei ihrer

Haltung

keine besonderen Probleme auftreten. Die Länge des verwendeten Aquariums sollte ungefähr einen Meter betragen. Seine Einrichtung erfolgt mit Sand und Kies, einigen Steinen und Wurzeln. Wichtig sind auch einige dichte Pflanzengruppen, die den Sichtschutz vermitteln, den die Fische auch in ihren natürlichen Biotopen suchen. Untereinander und gegenüber artfremden Cichliden sind die Fische friedlich. Ihre

Zucht

gelingt unter den verschiedensten Hälterungsbedingungen leicht. Während der Fortpflanzung zeigen sie die typischen Verhaltensweisen von Offenbrütern. Beide Elterntiere beteiligen sich an der Aufzucht der Brut. Die Jungfische fressen, sobald sie aufgeschwommen sind, sowohl Flockenfutter als auch die Nauplien des Salinenkrebses.

Tabelle Nr. 14

Ort:	Lagunen an der Straße Portachuelo nach Bella Vista (Bolivien, Depto. Santa Cruz)
Sichtweite:	starke Trübung
Farbe:	bräunlich
pH-Wert:	7,8
Gesamthärte:	6° dH
Karbonathärte:	6° dH
Leitfähigkeit:	198 µS bei 24° C
Wassertiefe:	0,10 – 1 m
Wasserbewegung:	kaum
Wassertemperatur:	24,0° C
Lufttemperatur:	30,5° C
Datum:	6. 7. 1983 Uhrzeit 11.00 Uhr

Lebensraum von Cichlasoma boliviense nördlich der Stadt Santa Cruz (Bolivien). Dieser Cichlide ist sehr anpassungsfähig und tritt in der Natur unter ganz unterschiedlichen Umweltbedingungen auf, beispielsweise in stark erwärmten Restgewässern.

„Cichlasoma" (Paraneetroplus) bulleri

(REGAN, 1905)

Da dieser Buntbarsch keine zylindrischen oder konischen Zähne wie die Mehrzahl der übrigen *„Cichlasoma"*-Arten, sondern etwas zusammengedrückte, abgeflachte Zähne besitzt, wurde er ursprünglich in die für ihn extra geschaffene Gattung *Paraneetroplus* gestellt. Spätere Autoren maßen diesem Merkmal weniger Bedeutung zu und reihten diese Spezies in die Gattung *„Cichlasoma"* ein. Nach Europa gelangten lebende Fische erstmals im Jahre 1983 durch die Bemühungen von STAWIKOWSKI und WERNER. Die maximale Länge der Tiere liegt bei knapp 25 Zentimeter.

Sie sind in der Rückenregion olivgrün bis bräunlich, in der Bauchregion weißlich grau gefärbt. Zwischen dem Schwanzwurzelfleck und dem Kiemendeckel liegt auf den Körperseiten eine Reihe von fünf schwarzen Flekken. Die beiden letzten, die unter dem weichstrahligen Bereich der Dorsale liegen, können sich nach oben bis an den Flossengrund ausdehnen. Die Unterseite des Kopfes und die

Fundorte von „Cichlasoma" (Paraneetroplus) bulleri

„Cichlasoma" (Paraneetroplus) bulleri

Brustregion sind bei erwachsenen Tieren schön rot gefärbt. Die Brust- und Bauchflossen sind gelb, die Schwanzflosse sowie die hinteren Teile von Rücken- und Afterflosse dagegen rötlich getönt. Männchen und Weibchen lassen sich mit Hilfe äußerer Kennzeichen nicht mit Sicherheit unterscheiden.

Arttypische Merkmale,

die eine Identifizierung dieser Spezies ermöglichen, bilden die schlanke, gestreckte Gestalt, das auffallend kleine Maul, der Besitz von seitlich zusammengedrückten, abgeflachten Zähnen sowie das Farbkleid, in dem die fünf Flecken auf den Körperseiten besonders charakteristisch sind. Als

ähnliche Arten

könnten mit einiger Berechtigung *„Cichlasoma" nebuliferum* (GÜNTHER, 1860) aus dem Rio Papaloapan und *„C." teapae* EVERMANN & GOLDSBOROUGH, 1902, aus dem Einzugsbereich des Rio Grijalva gelten, da beide Cichliden ebenfalls einen sehr langgestreckten, schlanken Körper besitzen. Allerdings fassen einige Autoren *„C." teapae* nur als Synonym der erstgenannten Art auf. Obwohl durchaus Ähnlichkeiten bestehen, ist aber eine Verwechslung jener Fische mit *„Cichlasoma" bulleri* wenig wahrscheinlich.

Die

natürlichen Lebensräume

dieses Buntbarsches liegen im Osten des mexikanischen Bundesstaates Oaxaca. Er scheint in einigen wenigen linksseitigen Nebenflüssen des oberen Rio Coatzacoalcos endemisch zu sein. Der Typusfundort ist der Rio Sarabia. Wir fingen diese Spezies in der Umgebung der Ortschaft Mixtequita im Rio Junapan, der ebenfalls zum Einzugsgebiet des Coatzacoalcos gehört, aber nördlich vom Rio Sarabia gelegen ist. Dieser Fundort ist zur Zeit des Niedrigwassers ein nur rund zehn Meter breites, klares Gewässer, das eine erhebliche Strömung besitzt. Der Wasserstand lag durchgängig unter einem Meter. Der Untergrund bestand teils aus Sand, teils aus Kies und großen Steinen und Felsen. Die Fische hielten sich vorzugsweise im Schutze von Baumwurzeln, Ästen und Steinen auf. Sie traten in diesem Biotop zusammen mit *„Cichlasoma" salvini*, einer nicht identifizierten Art aus der Sektion *Theraps* sowie *Poecilia sphenops*, einem lebendgebärenden Zahnkarpfen, auf. Eine Wasseranalyse ergab recht hohe Härtegrade und einen pH-Wert im deutlich alkalischen Bereich. Dies sind Anzeichen dafür, daß die

Haltung

von *„C." bulleri* nicht besonders schwierig ist. Allerdings sind diese Fische langfristig nur in großen Behältern zu pflegen, deren Länge erheblich über einem Meter liegt. Das Aquarium wird mit gewaschenem Kies, großen Steinen und Wurzeln so eingerichtet, daß Versteckplätze entstehen und die Abgrenzung von Revieren erleichtert wird. Für eine Bepflanzung sind nur widerstandsfähige, robuste Gewächse empfehlenswert. Die Fische sind nicht schnellwüchsig und benötigen eine möglichst abwechslungsreiche Ernährung, die auch aus zerschnittenem Meeres- oder Süßwasserfisch sowie Krabben und Garnelen bestehen sollte. Bis zum Abschluß des Manuskriptes war die

Zucht

im Aquarium noch nicht gelungen. Es besteht jedoch kein Anlaß, daran zu zweifeln, daß *„C." bulleri* nach Art von Offenbrütern auf Steinen oder Wurzeln ablaicht und daß sich beide Elternfische an der Brutpflege beteiligen. Es empfiehlt sich, die Fischbrut anfangs mit den Larven von *Artemia salina* und entsprechend zerkleinertem Flockenfutter zu ernähren.

Tabelle Nr. 15

Ort:	Rio Junapan 9 km vor dem Ort Mixtequita (Einzugsgebiet des Coatzacoalcos, Oaxaca, Mexiko)
Sichtweite:	80 cm
Farbe:	bräunlich
pH-Wert:	7,75
Gesamthärte:	15,0° dH
Karbonathärte:	11,5° dH
Leitfähigkeit:	1150 μS bei 30° C
Wassertiefe:	bis knapp 1 m
Wasserbewegung:	starke Strömung
Wassertemperatur:	30° C
Lufttemperatur:	32° C
Datum:	6. 4. 1983 Uhrzeit 16.00 Uhr

„Cichlasoma“ (Herichthys) carpinte

(JORDAN & SNYDER, 1899)

Der Perlcichlide wurde ursprünglich aufgrund von Besonderheiten seiner Bezahnung als *Neetroplus carpintis* beschrieben. Da man jedoch später diesem Merkmal weniger Bedeutung beimaß, wurde er in die Sektion *Herichthys* der Gattung *„Cichlasoma“* überführt. Es gibt Ichthyologen, die der Ansicht sind, daß dieser Buntbarsch nur eine Unterart von *„Cichlasoma“ cyanoguttatum* darstellt (ALVAREZ, 1970) oder sogar mit dieser Art identisch ist (TAYLOR & MILLER, 1983). Aufgrund von Freilandbeobachtungen in Mexiko schließen wir uns aber der Auffassung von LOISELLE (1982) an, wonach die Fische eine eigenständige Art darstellen. Der Perlcichlide gehört zu den ersten Buntbarschen, die in Europa im Aquarium gepflegt wurden, ist jedoch bis in jüngster Zeit ausschließlich unter dem Namen *„Cichlasoma“ cyanoguttatum* bekannt gewesen. Er kann eine maximale Länge von über 30 cm erreichen.

Der gesamte Körper der Fische trägt auf

Fundorte von „Cichlasoma“ (Herichthys) carpinte

schwärzlichem bis graugrünem Untergrund eine Vielzahl dicht nebeneinander liegender blaugrüner Glanzflecken, die zum Teil auch auf die Flossen übergreifen. Jüngere Exemplare besitzen im allgemeinen in der hinteren Körperhälfte fünf oder sechs schwarze Flek-

„Cichlasoma“ (Herichthys) carpinte

ken, die in einer Längsreihe angeordnet, manchmal aber auch zu einem Muster von Querstreifen erweitert sind. Bei älteren Tieren verblassen diese Zeichnungen zunehmend. Der Perlcichlide besitzt eine ausgeprägte Brutpflegefärbung. Das vordere Drittel des Körpers nimmt dann mit Ausnahme des Unterkiefers, der Kehle und der Brust einen besonders hellen Farbton an, der in wirkungsvollem Kontrast zu der sehr dunklen Färbung des übrigen Körpers steht. Diese helle Zone hat in etwa die Form eines rechtwinkligen Dreiecks, dessen Grundlinie sich von der Oberlippe über die Stirn zum Nacken erstreckt.

Ältere Fische zeigen einen deutlichen Sexualdimorphismus. Die Männchen werden nicht nur erheblich größer als die Weibchen, sondern tragen auch einen unförmigen Stirnbukkel.

Arttypische Merkmale

von *„Cichlasoma" carpinte* sind das dichte Muster relativ großflächiger Glanzflecken sowie der enorme Stirnbuckel, den größere Männchen besitzen. Zu den

ähnlichen Arten,

die Anlaß zu Verwechslungen geben können, gehört insbesondere *„Cichlasoma" cyanoguttatum* (BAIRD & GIRARD, 1854). Jene Art unterscheidet sich vor allem durch die viel kleineren Glanzflecken. Ferner fehlt den Männchen der deutlich ausgebildete Stirnbuckel.

Die

natürlichen Lebensräume

von *„Cichlasoma" carpinte* liegen im Grenzgebiet der mexikanischen Bundesstaaten Tamaulipas, Vera Cruz und San Luis Potosi. Als unumstrittene Fundorte sind die Laguna de Carpinteros und das Einzugsgebiet des Rio Panuco bekannt. Die Typusexemplare stammen aus der Umgebung der Stadt Tampico. Wir konnten diesen Buntbarsch im Frühjahr 1983 in großer Zahl in den Nachbargewässern der Laguna Media Luna unweit der Stadt Rio Verde beobachten. Nach TAYLOR & MILLER (1983) gehört das obere Einzugsgebiet des Rio Verde aber nicht zu den natürlichen Verbreitungsgebieten, da die Fische dort eingeführt wurden.

Langfristig ist die erfolgreiche

Biotop von Herichthys-Arten im Norden Mexikos (Rio Pablillo, Nuovo León).

Haltung

des Perlcichliden nur in geräumigen Aquarien, die in etwa eineinhalb Meter lang sind, empfehlenswert, denn einerseits erreicht er eine beträchtliche Größe und andererseits können unverpaarte Fische untereinander sehr unverträglich sein. Dem Wasserchemismus braucht keine besondere Aufmerksamkeit geschenkt zu werden, da die Art robust und anpassungsfähig ist. Bei der Einrichtung des Aquariums ist zu beachten, daß große Steine, die Höhlen bilden und die Abgrenzung von Revieren erleichtern, das Wohlbefinden der Fische steigern. Zarte Pflanzen werden von ihm zerstört. Infolge seiner Größe benötigt dieser Cichlide eine kräftige Ernährung, die mit Fischstückchen und Krebsfleisch (Shrimps) zu gewährleisten ist. Da diese Fische bereits mit einer Länge von gut 10 cm geschlechtsreif werden, sind bereits halbwüchsige Tiere zur

Zucht

geeignet. Sie laichen nach Art typischer Offenbrüter auf Steinen ab. Beide Elternfische pflegen und betreuen den Laich und die Jungfische. Als erstes Aufzuchtfutter für die Fischbrut haben sich die Naupliuslarven des Salinenkrebses und zerkleinertes Flockenfutter bewährt.

„Cichlasoma“ (Amphilophus) citrinellum

(GÜNTHER, 1864)

In der Erstbeschreibung wurde dieser Buntbarsch der Gattung *Heros* zugeordnet. Jüngere Synonyme sind *Heros basilaris* GILL & BRANSFORD, 1877, und *Cichlasoma granadense* MEEK, 1907. Die maximale Länge der Fische liegt bei 30 cm.

Ihre Grundfärbung ist graubraun bis olivgrün. Auf der Schwanzwurzel, etwas oberhalb ihrer Mitte, liegt ein schwarzer Fleck. Die Ausbildung aller übrigen dunklen Zeichnungen ist sehr stimmungsabhängig. Zu ihnen zählen sieben dunkle Querstreifen und sechs in der Körpermitte in einer Längsreihe angeordnete schwarze Flecken, von denen der dritte am größten ist. Gelegentlich ist er nur ganz allein sichtbar. *„Cichlasoma“ citrinellum* gehört zu jener kleinen Gruppe mittelamerikanischer Buntbarsche, die polychromatisch sind, d. h., innerhalb der Art treten ganz verschiedene Färbungen auf. Das vorstehend beschriebene Farbkleid trägt die Normalmorphe, die am häufigsten ist und der in den meisten untersuchten Freilandpopulationen etwa

Fundorte von „Cichlasoma“ (Amphilophus) citrinellum

70% der Fische angehörten. Eine kleine Zahl von Tieren – ihr Anteil an der Gesamtpopulation lag meistens bei knapp 10% – besitzt ein sehr auffallendes und farbenprächtiges Aussehen. Ihr Körper und ihre Flossen können weißlich, gelb, kupferfarben, rosa oder orange

„Cichlasoma“ (Amphilophus) citrinellum: ♂ der weißlichen Morphe.

gefärbt sein. Die restlichen Fische zeigten das Farbmuster der Normalmorphe, das aber von farbigen Zonen überlagert war. Alle Morphen tragen als Jungfische das normale Farbkleid. Im Alter zeigt *„C." citrinellum* einen deutlichen Sexualdimorphismus, so daß die Geschlechter leicht zu unterscheiden sind. Die männlichen Fische bekommen dann auf der Stirn einen kräftig entwickelten Buckel. Nach BARLOW (1976) ist die Entwicklung dieser Vorwölbung von Stirn und Nacken wieder umkehrbar. Die Ausbildung des Buckels scheint in Beziehung zu sexuellen und aggressiven Verhaltensweisen zu stehen und kann recht schnell erfolgen. Die größten Stirnbuckel wurden während der Paarbildung und in isolierten Männchengruppen beobachtet.

Arttypische Merkmale
sind die in einer Längsreihe angeordneten sechs schwarzen Flecken, von denen der dritte am größten ist, der kräftige Stirnbuckel bei älteren Männchen und das Auftreten verschiedener Farbmorphen. Zu den

ähnlichen Arten
gehört vor allem *„Cichlasoma" labiatum* (GÜNTHER, 1864). Jene Art ist jedoch langgestreckter, hat einen spitzeren Kopf, kürzere Flossen und im allgemeinen stärker verdickte Lippen. Ferner tritt bei jener Spezies eine intensiv rote Farbmorphe auf. Andererseits ist der Stirnbuckel der Männchen weniger kräftig ausgebildet als bei *„C." citrinellum.* Dennoch sind beide Arten ohne Informationen über den Fundort häufig nicht mit Sicherheit zu unterscheiden, da sich die meisten der genannten Merkmale bei ihnen überschneiden.
Ähnlich ist auch *„C." zaliosum* BARLOW, 1976. Jene Spezies ist jedoch wesentlich schlanker und trägt auf den Flanken einen großen, auf der Seite liegenden ovalen schwarzen Fleck.

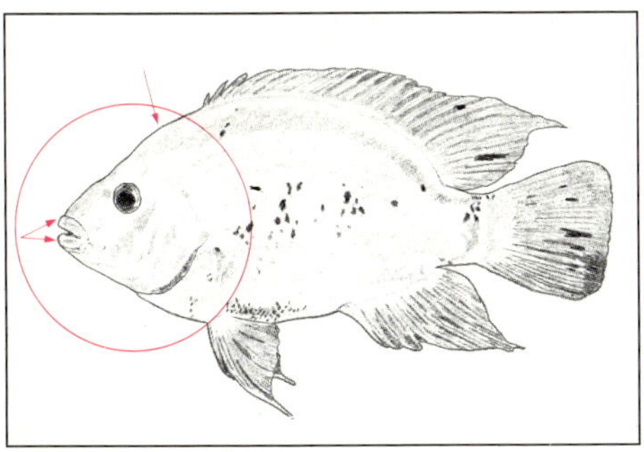

Cichlasoma citrinellum

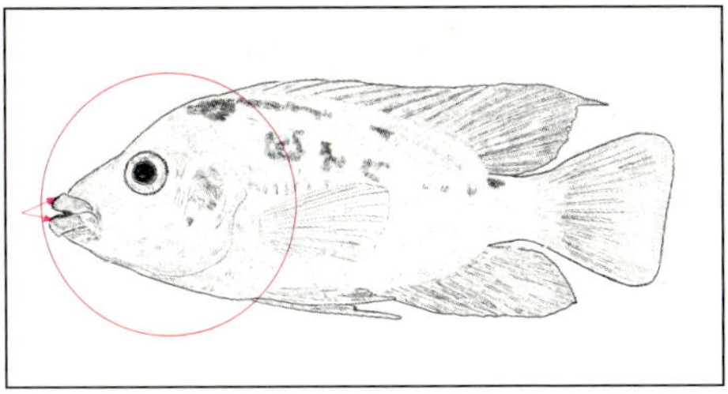

Cichlasoma labiatum

Die
natürlichen Lebensräume
von *„C." citrinellum* liegen in den beiden mittelamerikanischen Staaten Nikaragua und Costa Rica. Als Fundorte sind die Seen Masaya, Jiloa, Apoyo sowie der Managua- und Nikaraguasee, ferner deren Zuflüsse Ochomogo und Sinecapa und der Rio San Juan belegt. In Costa Rica wurden die Fische im Rio Frio und im Tortuguero-Gebiet nachgewiesen. Im Nikaraguasee konnte man sie noch in einer Tiefe von über 30 Meter beobachten. Dieser Cichlide scheint in seiner Verbreitung relativ stark vom Vorhandensein von Unterschlupfmöglichkeiten abhängig zu sein, denn er wurde in den Seen vor allem in der Geröll- und Felsenzone oder zwischen Ästen und Bäumen angetroffen. Magenuntersuchungen ergaben, daß sich die Fische häufig als Aufwuchsfresser betätigen. Neben Algen wurden insbesondere Kleinkrebse, Insektenlarven und Schnecken gefressen. Größere Exemplare ernähren sich auch von Fischen. Die Gewässer, in denen *„C." citrinellum* vorkommt, besitzen einen im neutralen bis deutlich alkalischen Bereich liegenden pH-Wert und bei 25° C eine elektrische Leitfähigkeit zwischen 200 und 5500 Mikro-Siemens.
Dieser Buntbarsch ist hart und anpassungsfähig, so daß sich bei seiner

Haltung
keine Schwierigkeiten ergeben. Auf Dauer werden jedoch sehr geräumige Aquarien benötigt, deren Seitenlänge eineinhalb Meter betragen sollte. Bei der Einrichtung sind aus größeren Steinen mehrere Versteckplätze

In Süd- und Mittelamerika werden Fische oft mit dem Wurfnetz gefangen.

anzulegen. Pflanzen sind nur bedingt zu empfehlen, da die Fische zarte Gewächse häufig zerstören. Recht problematisch kann sich die Zusammenstellung eines harmonierenden Paares gestalten, da unverpaarte Fische untereinander recht aggressiv sind. Größere Exemplare benötigen eine gehaltvolle Kost, die durch eine Fütterung mit Fisch- und Garnelenfleisch zu gewährleisten ist. Die intensive Färbung der gelben und orangefarbenen Morphen hängt wesentlich von Karotinoiden und Canthaxanthin ab, die von den Fischen mit der Nahrung aufgenommen werden. Sobald diese Stoffe fehlen, verblassen die Farben. Durch die Verfütterung von adulten Salinenkrebsen kann die Farbintensität der Tiere erhalten oder wieder verbessert werden.

Die
Zucht
mit einem harmonierenden Paar ist nicht schwer. Meist legen die Fische den Laich auf flachen Steinen, seltener in Höhlen ab. Die Larven werden in Gruben deponiert. Beide Elternfische sind an der Aufzucht der Brut beteiligt.

„Cichlasoma" (Herichthys) cyanoguttatum

(BAIRD & GIRARD, 1854)

Der Texascichlide wurde ursprünglich als *Herichthys cyanoguttatus* beschrieben. Die Tatsache, daß diese Fische im Unterschied zur Gattung *Cichlasoma*, die ausschließlich konische Zähne besitzt, auch abgeflachte, abgestumpfte Zähne aufweisen, wurde als ein ausreichend wichtiges Merkmal angesehen, um sie einer neuen, besonderen Gattung zuzuordnen. Diese Ansicht war aber von Anfang an umstritten und wurde keineswegs von allen Ichthyologen geteilt. Später erkannte man, daß die Form der Zähne stark von der Ernährungsweise und den Bedingungen abhängt, unter denen die Fische leben. Die besondere Zahnform dieser Cichliden ist nicht genetisch festgelegt, sondern beruht weitgehend auf einem Abnutzungsprozeß. Neuerdings wird *Herichthys* deshalb nur als Sektion von *„Cichlasoma"* behandelt.

Eine Reihe von Autoren sehen *Neetroplus carpintis* JORDAN & SNYDER, 1899, *Heros teporatus* FOWLER, 1903, und *Heros pavonaceus* GARMAN, 1881, als Synonyme von *„Cichlasoma" cyanoguttatum* an (vgl. TAYLOR & MILLER, 1983). Aufgrund unserer Beobachtungen in Mexiko teilen wir diese Ansicht nicht, sondern schließen uns ALVA-

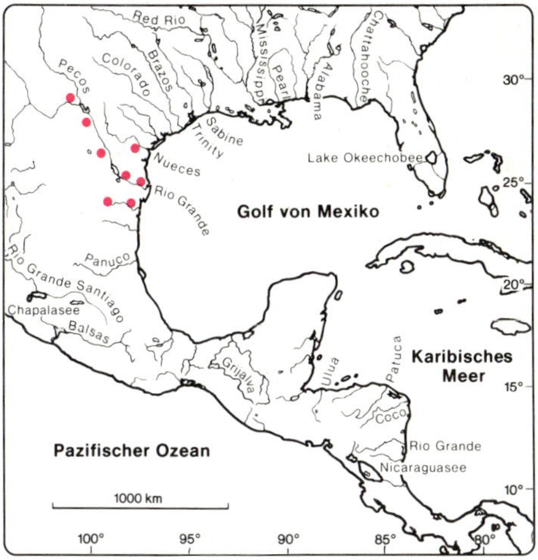

Fundorte von „Cichlasoma" (Herichthys) cyanoguttatum

REZ (1970) und LOISELLE (1982) an, die mehrere verschiedene Arten oder zumindest Unterarten in diesem Formenkreis unterscheiden. *„C." cyanoguttatum* kann eine Länge von gut 25 cm erreichen.

Der Körper der Fische ist graugrün bis dunkel beigefarben getönt. Sowohl auf der Schwanzwurzel als auch in der Mitte der Flanken liegt jeweils ein schwarzer Fleck. Meist treten in

„Cichlasoma" (Herichthys) cyanoguttatum

der hinteren Körperhälfte vier bis fünf breite dunkle Querstreifen auf. Der erste von ihnen verdeckt gelegentlich den Flankenfleck. Der Körper und die Flossen sind mit grünsilbernen bis hellgrünen Glanzpunkten übersät. In der Kopfregion zeigen die Glanzflecken eine kräftig blaugrüne Farbe. Während der Brutpflege verfärbt sich der vordere Körper auffallend hell. In scharfem Kontrast dazu nehmen der hintere Körper sowie die Unterseite von Brust und Kehle eine beinahe schwarze Färbung an. Da jüngere Fische keinen Sexualdimorphismus zeigen, ist die Unterscheidung der Geschlechter schwierig. Ältere Männchen besitzen eine stärker entwickelte Beflossung.

Das wichtigste
arttypische Merkmal,
an dem man diesen Buntbarsch erkennen kann, bildet die Färbung: Bei *„C." cyanoguttatum* sind Körper und Flossen im Unterschied zu nahe verwandten Arten nur mit sehr kleinen Glanzflecken übersät.

Zu den
ähnlichen Arten,
die Anlaß für Verwechslungen geben können, zählt insbesondere der Perlcichlide, *„Cichlasoma" carpinte* (JORDAN & SNYDER, 1899), denn dieser Buntbarsch wurde in Europa jahrzehntelang irrtümlich als *„C." cyanoguttatum* geführt. Diese Spezies besitzt relativ großflächige blaugrüne Glanzflecken. Ferner entwickelt sich bei älteren Männchen dieser Art ein auffallender Stirnbuckel, der beim Texascichliden nicht auftritt.
„Cichlasoma" cyanoguttatum ist der Buntbarsch, dessen Verbreitung sich am weitesten nach Norden erstreckt. Seine

natürlichen Lebensräume

befinden sich in den mexikanischen Bundesstaaten Coahuila, Tamaulipas und Nuovo León sowie im südlichsten Teil von Texas, weshalb er auch Texascichlide genannt wird. Die Fundorte liegen im unteren Rio Nueces, im unteren Einzugsgebiet des Rio Grande (Pecos River, Devil's River) und im Rio Conchos. Die Typusexemplare wurden in Brownsville (Texas) gefangen. Wir haben die abgebildeten Fische im Rio Pablillo (Nuovo León) beobachtet, der zum oberen Einzugsgebiet des Rio Conchos gehört. Dieses Gewässer ist ein relativ klares, strömungsreiches Gebirgsflüßchen, das aus der Sierra Madre Occidental kommt. Die Fische hielten sich bevorzugt in einem von zahlreichen Bächen und Rinnsalen durchzogenen Bruchgebiet auf, das reich an Wasserpflanzen *(Hydrocotyle verticillata, Ludwigia spec., Lobelia cardinalis)* war und den Cichliden viele Versteckmöglichkeiten bot. Das Wasser war relativ hart und wies eine deutlich alkalische Reaktion auf. In seinen natürlichen Lebensräumen ernährt sich dieser Buntbarsch als ein Allesfresser, der viel pflanzliche Nahrung aufnimmt. Da er sehr robust und widerstandsfähig ist, kann seine

Haltung

als einfach eingestuft werden. Kurzfristig verträgt er sogar Temperaturen um 15° Celsius, langfristig sollte man die Wassertemperatur jedoch auf Werte zwischen 22° und 25° Celsius einstellen. Da unverpaarte Tiere untereinander sehr aggressiv werden können, werden große Aquarien benötigt, die mit feinem Kies, größeren Steinen und Moorkienholz eingerichtet werden. Da die Fische Pflanzen fressen, sollte auf eine Bepflanzung verzichtet werden. Während der Brutpflege legen sie häufig große Gruben an. Die

Zucht

ist nicht schwierig. Die Fische laichen nach Art von Offenbrütern und bilden während der Brutpflege eine Vater-Mutter-Familie mit einer deutlichen Arbeitsteilung. Das Männchen übernimmt hauptsächlich die Revierverteidigung, während sich das Weibchen intensiver um die Brut kümmert.

Tabelle Nr. 16

Ort:	Rio Pablillo (Nuovo León, Mexiko) etwa 15 km westlich der Stadt Linares
Sichtweite:	knapp 2 m
Farbe:	ohne
pH-Wert:	8,95
Gesamthärte:	17,0° dH
Karbonathärte:	11,5° dH
Leitfähigkeit:	6400 µS bei 24,5° C
Wassertiefe:	< 1,50 m
Wasserbewegung:	z. T. starke Strömung
Wassertemperatur:	24,5° C
Lufttemperatur:	24,0° C
Datum:	27. 3. 1983 Uhrzeit 11.00 Uhr

„Cichlasoma“ (Parapetenia) dovii
(GÜNTHER, 1864)

In der Erstbeschreibung wurde dieser mittelamerikanische Cichlide aus der Sektion *Parapetenia* der Gattung *Heros* zugeordnet. In der Aquaristik spielt er infolge seiner Größe keine besondere Rolle. In Deutschland scheint er Anfang der 80er Jahre erstmals gepflegt worden zu sein. In den USA wurde er jedoch schon früher im Aquarium gehalten. Die Fische erreichen in der Natur eine Länge zwischen 40 und 50 Zentimeter. RIEDEL (1965) gibt als maximale Größe sogar 70 Zentimeter an.

Die Fische besitzen eine beige bis grauweiße Grundfärbung. Zwischen dem länglichen Schwanzwurzelfleck, der sich im allgemeinen über die gesamte Höhe des Schwanzstieles erstreckt, und dem hinteren Rand des Auges verläuft ein unscharf begrenztes dunkles Längsband, das aber häufig in einzelne Flekken aufgelöst erscheint. Vom unteren Augenrand zieht ein schwarzer Strich schräg nach unten zum Winkel des Kiemendeckels. Ein dunkler Fleck befindet sich auf dem Grund der

Fundorte von „Cichlasoma“ (Parapetenia) dovii

Brustflossen, ein zweiter über ihrem Ansatz. Stimmungsbedingt können etwa acht dunkle Querstreifen auf den Körperseiten erscheinen. Die Flossen tragen einen schönen grünen Glanz.

„Cichlasoma“ (Parapetenia) dovii ♀

Dieser Tag hat sich gelohnt.

Im Alter ist dieser Buntbarsch sowohl dichromatisch als auch dimorph, denn bei männlichen Exemplaren entwickelt sich auf dem Hinterhaupt ein Buckel, und ihre Flossen sind zu langen Spitzen ausgezogen. Auf den Flanken tragen sie einen violetten bis bläulichen Glanz. Die unpaaren Flossen und der Körper sind mit zahlreichen kleinen schwarzen Flekken übersät, die auf den Flanken zu Längsreihen angeordnet sind, die den Schuppenreihen folgen und auf den Wangen zu einem Netzmuster wurmförmiger schwarzer Linien verschmelzen.
Weiblichen Fischen fehlt dieses Fleckenmuster. Dafür sind bei ihnen die Querstreifen deutlicher ausgebildet. *„C." dovii* zählt zu den polychromatischen Cichliden. In Costa Rica wurde neben der vorstehend beschriebenen Normalmorphe eine goldfarbene Variante gefunden.

Arttypische Merkmale

dieses Buntbarsches sind die relativ gestreckte Körperform, die lange Schnauze, das tiefgespaltene Maul sowie der ausgeprägte Sexualdichromatismus. Hinzu kommen der Besitz von 12 Weichstrahlen in der Dorsale und nur sechs Hartstrahlen in der Anale.

Ähnliche Arten

treten in der Sektion *Parapetenia* auf. Eine Verwechslung scheint jedoch nur mit *„Cichlasoma" managuense* (GÜNTHER, 1869) möglich, da diese Art ebenfalls einen relativ schlanken Körper und ein großes, tiefgespaltenes Maul besitzt. Jene Spezies zeigt jedoch keinen Sexualdichromatismus. Ferner besitzt sie nur knapp 10 Weichstrahlen in der Dorsale, aber 7 Hartstrahlen in der Anale. Die

natürlichen Lebensräume

von *„C." dovii* liegen im östlichen Honduras, in Nikaragua und in Costa Rica. Im Nikaraguasee hält sich dieser Buntbarsch vorzugsweise über felsigem Untergrund auf. Häufig ist er dort in Höhlen zu finden. Nicht selten wurde er in diesem Gewässer auch in größerer Tiefe nachgewiesen. Erwachsene Tiere sind Räuber, die sich ausschließlich von anderen Fischen ernähren. Die von diesem Buntbarsch besiedelten Biotope führen sowohl weiches als auch mittelhartes Wasser, dessen pH-Wert zwischen dem leicht sauren und dem deutlich alkalischen Bereich liegen kann. Bei der

Haltung

dieses Cichliden ist zu beachten, daß er infolge seiner Größe im Grunde kein Aquarienfisch ist, da er langfristig nur in übergroßen Spezialbehältern zu pflegen ist, die eine Mindestlänge von zwei Metern besitzen. Allerdings sind diese Fische sehr ruhige Pfleglinge, die kein großes Bewegungsbedürfnis zeigen. Wenn das Aquarium einige Unterstände enthält, trägt das wesentlich zum Wohlbefinden der Tiere bei. Bereits halbwüchsige Exemplare sind infolge ihres dehnbaren Maules ausgesprochene Großbrockenfresser mit einem erheblichen Nahrungsbedarf und sollten deshalb regelmäßig mit Fischstückchen gefüttert werden. Über eine erfolgreiche

Zucht

im Aquarium gibt es bisher keine Berichte. Sie erscheint aber nicht ausgeschlossen, da die Fische bereits mit einer relativ geringen Körpergröße geschlechtsreif werden. Sie zählen zu den Offenbrütern, die den Laich bevorzugt auf einem Stein ablegen und die Nachkommen in einer Elternfamilie aufziehen.

„Cichlasoma“ (Theraps) fenestratum

(GÜNTHER, 1860)

Dieser mittelamerikanische Buntbarsch, der in die Sektion Theraps gehört, wurde ursprünglich als *Chromis fenestrata* beschrieben. Nach Deutschland wurde er durch STAWIKOWSKI & WERNER im Jahre 1983 erstmals lebend eingeführt. Er kann eine Länge von über 20 Zentimeter erreichen.

Die Fische besitzen eine graugrüne bis grünliche Körperfärbung, über der insbesondere in der Rückenregion ein goldener Metallglanz liegt. Kopf, Nacken, Kehle und Brust färben sich bei adulten Tieren kräftig weinrot. Auch der hintere Bereich von Rücken- und Schwanzflosse zeigen diesen Farbton. Die Bauchregion, die Bauch- und Afterflosse sind dagegen größtenteils schwarz gefärbt. Zwischen dem Rand des Kiemendeckels und der Mitte des Schwanzstiels erstreckt sich ein schwarzes Längsband über die Flanken, das zwischen den Brustflossen und dem Ansatz

Fundorte von „Cichlasoma“ (Theraps) fenestratum

der Schwanzflosse von sechs oder sieben dunklen Querstreifen gekreuzt wird. Häufig tritt im Nacken, etwas oberhalb des Kiemendeckelrandes, als Rest eines Querstreifens

„Cichlasoma“ (Theraps) fenestratum

ein auffälliger schwarzer Fleck auf. Die Geschlechter sind isomorph, d. h., sie sind äußerlich nicht mit Sicherheit zu unterscheiden. Allerdings zeigen männliche Fische häufig mehr Rot in den Flossen. Offenbar ist diese Art polychromatisch, denn im Catemacosee kommen nach unseren Beobachtungen als Seltenheit beinahe einfarbig rötlich gefärbte Exemplare vor.

Arttypische Merkmale,

die bei der Bestimmung dieser Spezies hilfreich sein können, bilden das Muster aus sechs bis sieben senkrechten und einem waagerechten schwarzen Streifen sowie die kräftige Rotfärbung des Kopfes. Hinzu kommen der Besitz von mehr als 32 Schuppen in einer Längsreihe und von nur sieben oder acht Kiemenrechen auf dem unteren Ast des ersten Kiemenbogens. In der Sektion *Theraps* treten mehrere

ähnliche Arten

auf, die bei mehr oder weniger derselben Gestalt ebenfalls einen breiten roten Saum in der Schwanzflosse und schwarze Streifen oder Bänder auf den Flanken besitzen. Zu ihnen gehören *„Cichlasoma" maculicauda,* REGAN, 1905, *„C." guttulatum* (GÜNTHER, 1864) und *„C." hartwegi* TAYLOR & MILLER, 1980. Keiner dieser Buntbarsche zeigt jedoch einen roten Kopf. Ferner ist bei jenen Arten das Muster aus Quer- und Längsstreifen im allgemeinen nicht vollkommen ausgebildet.

Die
natürlichen Lebensräume

von *„C." fenestratum* liegen vor allem in den atlantischen Gewässern der mexikanischen Bundesstaaten Veracruz und Oaxaca. Die Verbreitung erstreckt sich vom Einzugsgebiet des Rio Chachalacas und des Rio Actopan im Norden der Stadt Veracruz über das Einzugsgebiet des Rio Papaloapan bis zum Rio Coatzacoalcos. Die Mehrzahl der Autoren vertritt die Ansicht, daß die Fische östlich dieses Gewässers nicht mehr auftreten. ALVAREZ (1970) nennt jedoch neben dem Rio Champotón auch den Usumacinta als Fundorte. Das deckt sich mit Angaben von ALMAZAN & MEDINA (1974), die diesen Buntbarsch in der Umgebung der Laguna de Terminos im Grenzgebiet der Staaten Tabasco und Campeche nachwiesen. Wir fanden die Art am Catemacosee nahe der Stadt San Andres Tuxtla. Aufgrund seiner relativ weiten Verbreitung besiedelt dieser Buntbarsch recht verschiedene Gewässer, die jedoch in der Mehrzahl einen pH-Wert im neutralen bis leicht alkalischen Bereich besitzen und weich bis mittelhart sind. Daraus ergibt sich, daß seine

Haltung

im Aquarium nicht besonders schwierig ist. Aufgrund seiner Größe benötigt dieser Cichlide allerdings relativ viel Raum, so daß für seine Pflege nur Behälter in Frage kommen, deren Seitenlänge deutlich über einem Meter liegt. Große Steine und Wurzeln, die zu Versteckplätzen zusammengestellt sind, tragen zum Wohlbefinden der Fische bei. Pflanzen sollten nur unter der Bedingung zur Dekoration verwendet werden, daß es sich um große und robuste Gewächse handelt. *„Cichlasoma" fenestratum* läßt sich bei einem entsprechend geräumigen Aquarium gut mit anderen mittelamerikanischen Buntbarschen vergesellschaften. Um dem relativ hohen Nahrungsbedarf dieser Art zu genügen, empfiehlt es sich, zerschnittenen fettarmen Fisch und Garnelenfleisch regelmäßig zu verfüttern.

Unter der Voraussetzung, daß ein harmonierendes Pärchen vorhanden ist, ergeben sich bei der

Zucht

kaum größere Probleme, wenn für eine reichliche Fütterung und eine gute Wasserqualität gesorgt wurde. Erste Anzeichen dafür, daß die Tiere in Fortpflanzungsstimmung kommen, sind Balzhandlungen, die im Laufe der Zeit immer öfter auftreten. Zu ihnen gehören Kopfrucken und Körperzittern. In einem späteren Stadium der Balz graben sie im Grund, oder sie putzen Objekte, die zum Ablaichen geeignet erscheinen. Kurz vor der Paarung versuchen die Fische immer wieder, den Partner durch sogenanntes Führungsschwimmen zum Laichplatz zu locken. Sie laichen nach Art von Offenbrütern vorzugsweise auf Steinen ab. Sowohl das Weibchen als auch das Männchen beteiligen sich an der Betreuung und Verteidigung von Laich, Larven und Jungfischen. Bei einer Fütterung mit *Artemia salina* und entsprechend zerkleinertem Flockenfutter gelingt die Aufzucht der Fischbrut mühelos.

„Cichlasoma“ (Parapetenia) festae
(BOULENGER, 1899)

Dieser südamerikanische Buntbarsch ist ein typischer Vertreter der Sektion *Parapetenia.* In der Erstbeschreibung erhielt er den Namen *Heros festae.* Nach Europa wurde er Ende der 70er Jahre erstmals lebend eingeführt. Männliche Exemplare können deutlich über 30 Zentimeter lang werden.

Wichtige Zeichnungen im Farbkleid der Fische sind ein blaugrün gesäumter Augenfleck in der oberen Hälfte der Schwanzwurzel sowie sieben schwarze Querstreifen auf den Flanken. Zwei weitere derartige Streifen verlaufen über Nacken und Hinterhaupt.

Erwachsene Fische zeigen einen sehr deutlichen Sexualdimorphismus, so daß die Geschlechter leicht zu unterscheiden sind. Die bedeutend größeren Männchen zeigen eine eher grüngelbe Grundfärbung. Das Streifenmuster kann bei ihnen völlig verschwinden. Im Unterschied zu den Weibchen tragen sie vor allem in der hinteren Körperhälfte zahlreiche blaugrüne Glanzflecken, die auch auf

Fundorte von „Cichlasoma“ (Parapetenia) festae

die Flossen übergreifen. Weibliche Fische besitzen dagegen eine intensiv orangerote bis rote Färbung, von der sich das Streifenmuster, das insbesondere während der Brut-

„Cichlasoma“ (Parapetenia) festae ♀

„Cichlasoma" (Parapetenia) festae ♂

pflege sehr kräftig ausgebildet ist, kontrastreich abhebt. Auch der hartstrahlige Teil der Rückenflosse sowie die Bauchflossen sehen dann tiefschwarz aus. Für die Aquaristik bildet die kräftig orangerote Färbung des Körpers und der Flossen das wichtigste

arttypische Merkmal,

das eine Identifizierung dieser Spezies ermöglicht. Charakteristisch für sie ist ferner, daß der Augenfleck auf der Schwanzwurzel in deren oberer Hälfte gelegen ist. Zu den

ähnlichen Arten,

die sich innerhalb der Sektion *Parapetenia* finden, zählt insbesondere *„Cichlasoma"* urophthalmum (GÜNTHER, 1862), da jene Spezies auch kräftige Rottöne zeigen kann. Bei ihr ist jedoch der Augenfleck auf der Schwanzwurzel besonders großflächig und erstreckt sich beinahe über deren gesamte Höhe. Ferner besitzt dieser Cichlide nur sechs Querstreifen auf den Flanken.

Die Verbreitung von *„Cichlasoma" festae* scheint ausschließlich auf Ekuador beschränkt zu sein. Die

natürlichen Lebensräume

liegen insbesondere im Einzugsgebiet des Rio Guayas, des Rio Chanchan, Rio Durango, Rio Clementina, Rio Boba sowie im Rio Macul. Der Fundort der Typusexemplare lag im unteren Rio Guayas nahe der Stadt Guayaquil. Die

Haltung

dieses anpassungsfähigen und robusten Buntbarsches ist grundsätzlich nicht besonders schwierig, da der Chemismus des Wassers bei seiner Pflege keine besondere Rolle spielt. Probleme können sich jedoch aus seiner Aggressivität ergeben, die er bei einem zu gering bemessenem Raum sowohl gegenüber Artgenossen als auch artfremden Cichliden zeigt. Ein harmonierendes Paar läßt sich jedoch in einem eineinhalb Meter langen Aquarium gut pflegen, wenn es mit Steinen und Wurzeln so eingerichtet wurde, daß Sichtblenden und einige Höhlen vorhanden sind, die im Falle von Beißereien dem unterlegenen Fisch eine sichere Rückzugsmöglichkeit bieten. Sehr gefährlich ist es, einem pflegenden Paar die Brut wegzunehmen, da es dadurch zwischen den Elterntieren häufig zu Kämpfen kommt. Eine Bepflanzung des Aquariums ist möglich, doch sollten nur wenige robuste Einzelpflanzen verwendet werden.

„Cichlasoma" festae besitzt ein sehr dehnungsfähiges Maul und zählt zu den Großbrockenfressern mit einer zumindest teilweise räuberischen Lebensweise. Sobald die Tiere halbwüchsig sind, benötigen sie daher ein gehaltvolles Futter. Aus diesen Gründen empfiehlt es sich, ihnen regelmäßig Fisch und Krebsfleisch (Shrimps) anzubieten.

Unter der Voraussetzung, daß ein harmonierendes Paar zur Verfügung steht, ist die

Zucht

keineswegs schwierig. Sie sollte jedoch wegen der Aggressivität dieser Art in einem besonderen Aquarium erfolgen, in dem das Paar allein gepflegt wird. Die Fische sind Offenbrüter, die während der Brutpflege eine Vater-Mutter-Familie bilden. Während sich das Weibchen vor allem um die Betreuung der Eier und Larven kümmert, verteidigt das Männchen in erster Linie das Brutrevier. Ein größeres Weibchen kann mehrere hundert Eier legen. Bei der Aufzucht der zahlreichen Jungfische ist deshalb besonders auf einen regelmäßigen, häufigen Wasserwechsel zu achten, damit die schädlichen Stoffwechselprodukte aus dem Aquarium entfernt werden.

„Cichlasoma“ (Parapetenia) grammodes

TAYLOR & MILLER, 1980

Dieser Buntbarsch aus der *„Cichlasoma“*-Sektion *Parapetenia* gehört zu der kleinen Gruppe von mittelamerikanischen Arten, die erst in jüngster Zeit entdeckt und beschrieben wurden. Lebend nach Deutschland wurde er erstmals durch STAWIKOWSKI & WERNER im Jahre 1983 eingeführt. Das größte aus der Literatur bekannte Exemplar ist knapp 20 Zentimeter lang.

Die Fische besitzen eine bräunliche bis braungelbe Grundfarbe, die in der unteren Körperhälfte von einem bläulichen Metallglanz überlagert ist. Auf den Flanken können etwa acht dunkle Quer- und ein Längsstreifen, der vom Auge zum Schwanzwurzelfleck zieht, ausgebildet sein. Gelegentlich tritt in der Rükkenregion ein zweiter Längsstreifen auf. Im Kreuzungspunkt des unteren Längs- und des vierten Querstreifens liegt gewöhnlich ein rundlicher Flankenfleck. Auf den Wangen und

Fundorte von „Cichlasoma“ (Parapetenia) grammodes

quer über den Nacken sowie die Schnauze verläuft eine Anzahl sehr schmaler rotbrauner Linien. Unterhalb der oberen Seitenlinie tra-

„Cichlasoma“ (Parapetenia) grammodes

Cichlidenbiotop im nördlichen Mexiko (Rio Aguabuena, San Luis Potosi).

gen die Schuppen je einen kleinen rotbraunen Fleck. Ein ähnliches Fleckenmuster findet sich auch in den unpaaren Flossen, die zum größten Teil einen intensiv blaugrünen Metallglanz aufweisen. Äußere Geschlechtsunterschiede, die eine sichere Bestimmung von Männchen und Weibchen ermöglichen, scheinen nicht zu bestehen.

Arttypische Merkmale

bilden der im Unterschied zu den meisten *Parapetenia*-Arten recht schlanke Körper sowie das Muster feiner rotbrauner Linien, das sich auf Schnauze, Stirn und Nacken sowie auf den Wangen befindet. Eine Verwechslung mit ähnlichen Arten ist deshalb ausgeschlossen.

Die

natürlichen Lebensräume

von *„Cichlasoma" grammodes* liegen nur im oberen Einzugsbereich des Rio Grijalva im mexikanischen Bundesstaat Chiapas und an der Westgrenze Guatemalas. Die Fundorte liegen unter anderem in der Umgebung der Städte Villa Flores, Tuxtla Gutierrez und Comitan (Rio Grande de Chiapa, Rio Sabinal, Rio Salado, Rio Lagartero). In den natürlichen Biotopen dieses Cichliden wurden eine mittlere, bisweilen aber auch eine extrem hohe Härte, sowie pH-Werte um 7,5 gemessen (STAWIKOWSKI, 1983). Interessante Angaben zu den Lebensräumen finden sich auch bei TAYLOR & MILLER (1980): Die Fische wurden über steinigem, sandigem und schlammigem Untergrund angetroffen. Wasserpflanzen waren bis auf *Potamogeton*-Arten nicht vorhanden. Häufig hielten sich die Buntbarsche im Schutz von Ästen auf. Weitere Fische dieser Biotope waren der Cichlide *„Cichlasoma" hartwegi* (vgl. S. 79), der Salmler *Astyanax fasciatus,* Antennenwelse, Killifische *(Profundulus*-Arten) und lebendgebärende Zahnkarpfen *(Poecilia sphenops).*

Bei der

Haltung

von *„C." grammodes* ergeben sich kaum Schwierigkeiten, da dieser Buntbarsch recht robust und anpassungsfähig ist. Ein Aquarium mit einer Länge von einem guten Meter bietet ihm ausreichend Raum. Versteckplätze aus großen Steinen und Wurzeln können zum Wohlbefinden der Fische wesentlich beitragen. Auch Pflanzen können bei der Einrichtung des Aquariums berücksichtigt werden, da sie von dieser räuberischen Art nicht beschädigt werden. Bei der Fütterung von *„C." grammodes* sollte berücksichtigt werden, daß sich adulte Exemplare ebenso wie andere *Parapetenia*-Arten überwiegend von Fischen ernähren. Zerschnittener Süßwasser- oder Meeresfisch sowie Krabben oder Garnelen müssen deshalb zum regelmäßigen Nahrungsangebot gehören. Für die

Zucht

sind im Grunde keine besonderen Vorkehrungen notwendig, wenn die Fische in einem artgemäßen Aquarium gepflegt werden. *„C." grammodes* ist ein Offenbrüter, der Steine oder Wurzeln als Laichsubstrat verwendet. Sowohl das Weibchen als auch das Männchen beteiligen sich an der Brutpflege und der Aufzucht der Nachkommen. Als erstes Futter für die Jungfische sind die Naupliuslarven des Salinenkrebses oder auch fein ausgesiebte Wasserflöhe zu empfehlen.

„Cichlasoma“ (Theraps) hartwegi

TAYLOR & MILLER, 1980

Dieser mittelamerikanische Cichlide aus der Sektion *Theraps* gehört zu den erst in jüngster Zeit entdeckten und beschriebenen Arten. Erstmals nach Europa eingeführt wurde er durch STAWIKOWSKI & WERNER im Jahre 1983. Die Nachzucht gelang ein Jahr später. Das größte aus der Literatur bekannte Exemplar dieser Art hat eine Länge von rund 15 Zentimeter.

Die Grundfärbung der Fische, ein je nach Stimmung helleres oder dunkleres Braungelb, ist von einem schönen, zumeist blaugrünen Metallglanz überlagert. Auf den Flanken liegt ein dunkler Längsstreifen, der erst in einigem Abstand vom Kiemendeckel beginnt und zum Schwanzwurzelfleck zieht. Häufig zeigen

Fundorte von „Cichlasoma“ (Theraps) hartwegi

„Cichlasoma“ (Theraps) hartwegi

die Fische aber statt dieses Streifens nur eine Längsreihe von fünf dunklen Flecken, die oft zu Querstreifen erweitert sind, jedoch nicht bis in die Rückenregion hinaufreichen. Über die Stirn erstrecken sich meist zwei schmale Querstreifen, die die vorderen Ränder der Augen verbinden. Kopf und vorderer Körper sind mit einer Vielzahl kleiner weinroter Flekken und Punkte übersät. Der hintere Bereich der Schwanz- sowie der Saum und der weiche Teil der Rückenflosse sind rot getönt. Bei fortpflanzungsaktiven Tieren sind die untere Kopfregion sowie Kehle, Brust und Bauch häufig schwärzlich gefärbt. Die Geschlechter sind aufgrund äußerer Merkmale nur schwer zu unterscheiden. Männchen zeigen im Alter eine stärkere Beflossung. Zu den

arttypischen Merkmalen,

an denen *„Cichlasoma" hartwegi* zu erkennen ist, gehören der etwas vorstehende bzw. überhängende Oberkiefer sowie das erst kurz vor der Körpermitte beginnende Muster aus mehreren Quer- und einem Längsstreifen bzw. einer Längsreihe von Flecken. Mehrere nahe verwandte und recht

ähnliche Arten

gibt es in der Sektion *Theraps.* Zu ihnen gehören *„Cichlasoma" bifasciatum* (STEINDACHNER, 1864) mit zwei Längs-, aber ohne Querstreifen (vgl. S. 56), *„C." fenestratum* (GÜNTHER, 1860) mit einem roten Kopf (vgl. S. 73) und *„C." guttulatum* (GÜNTHER, 1864) mit einem kräftigen Fleckenmuster auf dem Kopf. *„Cichlasoma" hartwegi* besitzt keine ausgedehnte Verbreitung.

Die

natürlichen Lebensräume

liegen ausschließlich im mexikanischen Bundesstaat Chiapas im Einzugsgebiet des oberen Rio Grijalva (Rio Grande de Chiapa, Rio Pando, Rio Frio, Rio Salado). Die in der Literatur belegten Fundorte befinden sich vor allem in der weiteren Umgebung der Ortschaften Villa Flores, Tuxtla Gutierrez und Comitan. Die Heimatgewässer dieses Cichliden sind zumeist mittelhart bis sehr hart und besitzen pH-Werte um 7,5 (STAWIKOWSKI, 1983). Weitere Informationen über die natürlichen Lebensräume finden sich bei TAYLOR & MILLER (1980): Demnach sind die Fische auf keinen bestimmten Untergrund angewiesen, denn sie kommen sowohl über Sand und Schlamm als auch über Kies, Geröll und Steinen vor. Bis auf *Potamogeton*-Arten gab es in den Gewässern keine Wasserpflanzen. Fische derselben Fundorte waren unter anderem der Cichlide *„Cichlasoma" grammodes* (vgl. S. 77), Killifische aus der Gattung *Profundulus,* Antennenwelse *(Rhamdia guatemalensis),* lebendgebärende Zahnkarpfen *(Poecilia sphenops)* und Salmler aus den Gattungen *Astyanax* und *Brycon.* Bei der

Haltung

von *„C." hartwegi* ergeben sich im allgemeinen keine besonderen Probleme. Das verwendete Aquarium sollte eine Mindestlänge von einem guten Meter besitzen. Es wird mit gewaschenem Kies oder Sand, größeren Steinen und Wurzeln sowie einigen robusten Pflanzen so eingerichtet, daß seine Bodenfläche gegliedert sowie die Abgrenzung von Revieren erleichtert wird und Versteckplätze entstehen. Dem Chemismus des Wassers braucht bei der Pflege dieses Buntbarsches keine besondere Aufmerksamkeit geschenkt zu werden. Um eine möglichst abwechslungsreiche Ernährung zu gewährleisten, empfiehlt es sich, die Fische im Wechsel mit Wasserflöhen, Weißen und Schwarzen Mückenlarven sowie zerschnittenem Fisch- und Krebsfleisch zu füttern. Bei einer derartigen artgemäßen Pflege dürfte auch die

Zucht

ohne Schwierigkeiten gelingen. Wie alle *Theraps*-Arten ist auch *„C." hartwegi* ein Offenbrüter, der auf Steinen oder an Wurzeln ablaicht. Die Pflege des Geleges, der Larven und der Jungfische übernehmen das Weibchen und das Männchen gemeinsam. Die Aufzucht der Fischbrut mit den Larven von *Artemia salina* und zerkleinertem Flockenfutter gelingt im allgemeinen leicht, wenn darauf geachtet wird, daß es durch einen regelmäßigen Teilaustausch des Aquariumwassers zu keiner Ansammlung schädlicher Stoffwechselprodukte im Behälter kommt.

„Cichlasoma“ (Theraps) intermedium
(GÜNTHER, 1862)

wurde in der Erstbeschreibung der Gattung *Heros* zugeordnet. Synonyme für diese Art sind *Heros angulifer* GÜNTHER, 1862, und *Acara rectangularis* STEINDACHNER, 1864. Die Fische können eine Länge von knapp 20 cm erreichen. In größerer Stückzahl wurden sie erstmals im Jahre 1983 – unter anderem von uns – lebend nach Europa eingeführt. Die erste Nachzucht gelang im Jahre 1984.

Auf graubraunem, in der oberen Körperhälfte eher gelbbraunem Untergrund trägt diese Art eine ganz typische schwarze Winkelzeichnung. Sie besteht aus einem breiten Längsband, das am hinteren Rand des Auges beginnt und sich bis zur Körpermitte, ungefähr bis zur Höhe des dreizehnten Dorsalstachels erstreckt, wo es sich mit der senkrecht stehenden fünften Querbinde vereinigt, die, von oben kommend, ebenfalls nur bis zur Mitte der Flanken reicht. Die restlichen der insgesamt acht Querstreifen sind nur angedeutet oder fehlen gänzlich. Der Schwanzwurzelfleck ist jedoch kräftig ausgebildet. Auffällig ist die grüne Iris. Während der Brutpflege färben sich die Bauch- und Brustregion sowie der untere Kopf schwarz. Ferner treten die Winkelzeichnung und Teile der Querstreifen besonders kontrastreich hervor. Da die Art isomorph ist, lassen sich männliche und weibliche Tiere aufgrund äußerer Merkmale nicht mit Sicherheit unterscheiden.

Fundorte von „Cichlasoma“ (Theraps) intermedium

„Cichlasoma“ (Theraps) intermedium

„Cichlasoma" (Theraps) intermedium im natürlichen Lebensraum.

Arttypische Merkmale,

die bei der Identifizierung dieser Spezies helfen können, sind die auffällige Winkelzeichnung, die sehr kurzen Bauchflossen sowie der Besitz von nur 6 bis 8 Kiemenrechen auf dem unteren Ast des ersten Kiemenbogens. *„Cichlasoma" intermedium* wird der Sektion *Theraps* zugerechnet. Eine Verwechslung mit anderen Arten ist kaum möglich.

Der
natürliche Lebensraum

dieser Art erstreckt sich über die nordwestlichen Teile von Guatemala und die mexikanischen Bundesstaaten Tabasco und Chiapas. Die Fundorte liegen vor allem in den Einzugsgebieten des Rio Usumacinta und des Rio Grijalva. Wir konnten die Fische mehrfach in der Umgebung von Palenque beobachten, wo sie typische Klarwasserflüsse bewohnen, die an Gebirgsflüßchen der mitteleuropäischen Forellenregion erinnern. Sie sind sehr gewandte Schwimmer, die sich auch in starker Strömung aufhalten. Gewöhnlich leben sie über Geröll oder felsigem Untergrund. Nur zur Aufzucht der Brut suchen sie ruhige Bereiche ihrer Heimatgewässer auf. Im Rio Nututun traten sie zusammen mit *„Cichlasoma" lentiginosum* (vgl. S. 86), *„C." salvini, „C." bifasciatum* (S. 56), *Petenia splendida* (S. 148) sowie *Thorichthys helleri* zusammen auf. Weitere Fische dieses Biotops waren der Salmler *Astyanax fasciatus, Poecilia sphenops,* ein lebendgebärender Zahnkarpfen, sowie nicht genauer bestimmte Ährenfische, Grundeln und Welse. Das sehr klare Wasser war mittelhart und besaß eine deutlich alkalische Reaktion. Seine Temperatur betrug 27° Celsius. Aufgrund dieser Wasserwerte ist die

Haltung

dieses Buntbarsches nicht schwierig. Probleme treten jedoch bisweilen dadurch auf, daß unverpaarte Fische untereinander recht aggressiv werden können. Daher sind nur geräumige Behälter mit einer Seitenlänge von rund eineinhalb Meter empfehlenswert. Für die Einrichtung des Aquariums werden vor allem größere Steine benötigt, mit denen einige Versteckplätze vorbereitet werden. Zusätzlich können Moorkienwurzeln, aber auch Pflanzen als Dekorationsmittel Verwendung finden, denn die Fische sind pflanzenfreundlich. Als weitere Bewohner desselben Aquariums sind insbesondere andere mexikanische *„Cichlasoma"*-Arten geeignet. Dieser Cichlide frißt willig Flockenfutter und andere gängige Futtermittel. Größere Exemplare benötigen natürlich eine kräftige Kost. Bei einem großzügigen Raumangebot kann die

Zucht

auch im Gesellschaftsaquarium gelingen. Die Fische laichen nach Art der Offenbrüter auf Steinen ab, bevorzugen allerdings geschützte Plätze. An der Betreuung und Verteidigung der Brut beteiligen sich Männchen und Weibchen. Die Aufzucht der Jungfische mit den Larven von *Artemia salina* und zerkleinertem Flockenfutter ist nicht schwer.

Tabelle Nr. 17

Ort:	Rio Nututun bei Palenque (Chiapas, Mexiko)
Sichtweite:	ca. 3 m
Farbe:	grünlich
pH-Wert:	8,85
Gesamthärte:	12,5° dH
Karbonathärte:	12,0° dH
Leitfähigkeit:	1200 μS bei 27° C
Wassertiefe:	1,50 – 3,50 m
Wasserbewegung:	starke Strömung
Wassertemperatur:	27° C
Lufttemperatur:	30° C
Datum:	2. 4. 1983 Uhrzeit 14.00 Uhr

„Cichlasoma“ (Amphilophus) labiatum

(GÜNTHER, 1864)

wurde in der als Erstbeschreibung anerkannten Veröffentlichung der Gattung *Heros* zugeordnet. Bereits im Jahre 1859 hatte AGASSIZ diesen Buntbarsch unter dem Namen *Amphilophus froebelii* beschrieben. Weil seine Ausführungen aber nicht den Anforderungen genügen, die nach den international gültigen Nomenklaturregeln an eine Erstbeschreibung gestellt werden, gilt jene Bezeichnung nur als älteres Synonym. Da *„C.“ labiatum* eine polymorphe Art ist und infolgedessen sehr unterschiedlich aussehen kann, wurden einzelne Varianten dieser Spezies irrtümlich als eigenständige Arten beschrieben. Derartige jüngere Synonyme sind *Heros lobochilus* und *H. erythraeus* GÜNTHER, 1869, sowie *Cichlasoma dorsatum* MEEK, 1907. Die maximale Länge dieses Cichliden kann bei knapp 30 cm liegen.

Sie besitzen einen grauen bis graugrünen Grundton, auf dem mehrere dunkle Muster auftreten können, die stark vom Einfluß bestimmter Erregungszustände abhängig sind. Die wichtigsten Merkmale sind eine

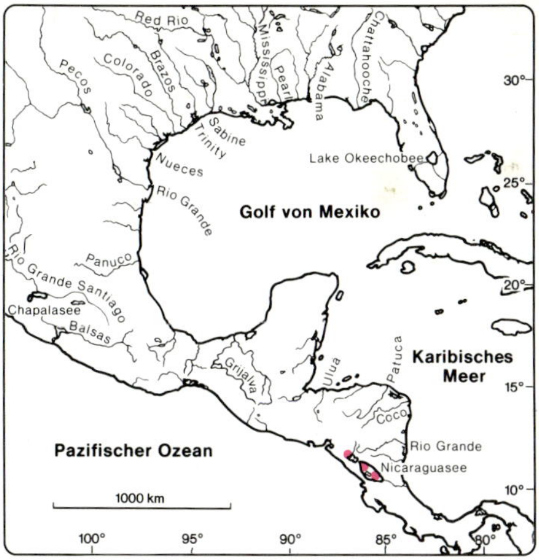

Fundorte von „Cichlasoma“ (Amphilophus) labiatum

Längsreihe von sechs dunklen Flecken, die den Rand des Kiemendeckels mit dem Schwanzwurzelfleck verbinden, sowie sieben dunkle Querstreifen, die auf den Flanken liegen. Bisweilen können alle dunklen Zeichnungen bis auf den Schwanzwurzel- und einen Seitenfleck verschwinden.

Orange Morphe von „Cichlasoma“ (Amphilophus) labiatum

„*Cichlasoma*" *labiatum* ist eine polychromatische Art. Neben der vorstehend beschriebenen Normalmorphe, der gut 90% der in freier Natur beobachteten und gefangenen Fische angehören, gibt es noch mehrere sehr auffällig gefärbte Morphen, die rosa, rot oder rot und weiß gescheckt aussehen. Häufig weisen diese Fische einige tiefschwarz pigmentierte Zonen auf, die sich meist in ihren Flossen, auf den Lippen oder in der Rückenregion befinden. Leider ist die herrliche Färbung, die frisch gefangene Exemplare zeigen, ernährungsbedingt. Die roten Farbtöne werden durch Canthaxanthin, die gelben durch Carotinoide bewirkt. Sobald diese Stoffe nicht mehr durch die Nahrung zugeführt werden, verblassen die Farben. Im Experiment (WEBER, BARLOW & BRUSCH, 1973) zeigte sich, daß eine Fütterung mit Beta-Carotinpräparaten, rotem Paprika und vor allem adulten Salinenkrebsen geeignet ist, die natürliche Färbung zu erhalten oder erneut hervorzurufen. Auch Jungfische der farbigen Morphen tragen anfangs die unscheinbare Normalfärbung. Der Farbwechsel setzt erst im Alter von drei bis zwölf Monaten ein. Adulte Männchen sind an den verlängerten Flossen und einer höheren Stirn zu erkennen.

Das wichtigste
arttypische Merkmal

von „*C.*" *labiatum* sind die ungewöhnlich verdickten, wulstigen Lippen, die bei manchen Exemplaren in der Mitte zu einem langen dreieckigen Läppchen verlängert sind. Nach BARLOW & MUNSAY (1976) ist die Entstehung dieses Fortsatzes nicht nur genetisch festgelegt, sondern auch durch Umwelteinflüsse bedingt. Es hat sich nämlich gezeigt, daß die merkwürdige Vergrößerung der Lippen nach längerer Pflege im Aquarium abnimmt. Offensichtlich fehlen in der Gefangenschaft wichtige Außenreize, die normalerweise das Wachstum der Lippen anregen. Typisch für „*C.*" *labiatum* ist ferner die Ausbildung einer roten Farbmorphe, die von anderen polychromatischen Arten nicht bekannt ist.

Ähnliche Arten

finden sich in der „*Cichlasoma*"-Sektion *Amphilophus*. Große Schwierigkeiten bereitet die Abgrenzung gegenüber „*Cichlasoma*" *citrinellum* (GÜNTHER, 1864). Zwar ist jene Spezies im allgemeinen durch dünnere Lippen, einen höheren Körper und einen weniger spitzen Kopf gekennzeichnet (vgl. S. 66), da diese Merkmale jedoch eine große Variationsbreite besitzen, kommt es bei beiden Arten zu Überschneidungen, die eine Bestimmung ohne Informationen über den Fundort der betreffenden Fische unmöglich machen.

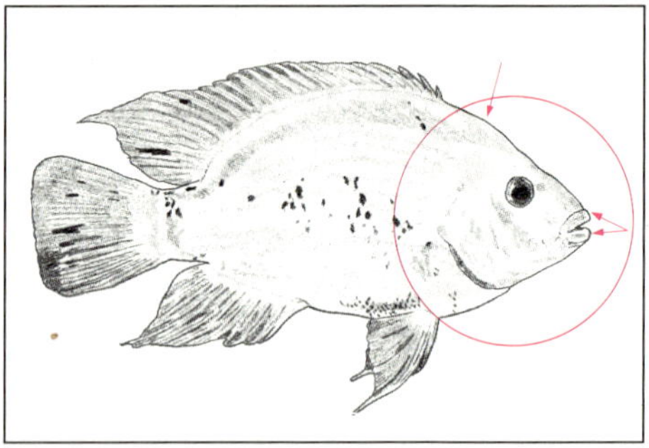

Cichlasoma citrinellum

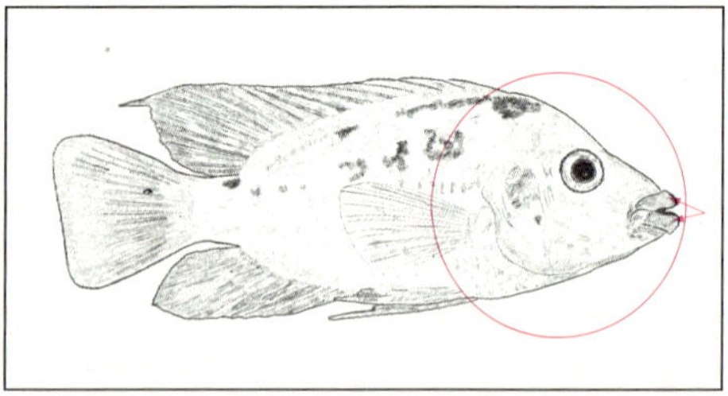

Cichlasoma labiatum

Die
natürlichen Lebensräume

dieses Buntbarsches liegen im Managua- und Nikaraguasee, d. h. in dem mittelamerikanischen Staat Nikaragua. Die elektrische Leitfähigkeit wurde bei 25° Celsius im Managuasee mit 414 und im Nikaraguasee mit 200 Mikro-Siemens ermittelt, der pH-Wert liegt in beiden Gewässern um 8,5 (BARLOW *et al.*, 1976). „*C.*" *labiatum* kommt vorzugsweise über steinigem Untergrund vor. Zum Teil scheinen sich die Fische dort als Aufwuchsfresser zu ernähren. BARLOW & MUNSEY (1976) vermuten, daß sie ihre Nahrung vor allem aus Spalten und Gesteinsritzen herausholen. Für die

Haltung

dieses Cichliden sind nur größere Behälter

geeignet, deren Seitenlage deutlich über einem Meter liegt. Die Einrichtung des Aquariums erfolgt mit großen Gesteinsbrocken, die so zusammengestellt werden, daß mehrere Höhlen und Territorien entstehen. Eine Bepflanzung ist nur bedingt zu empfehlen, da zarte Gewächse von den Fische häufig zerstört werden. Unverpaarte Tiere können bei zu gering bemessenem Raum untereinander sehr aggressiv sein. Als Mitbewohner des Aquariums sind vor allem andere Großcichliden aus der *„Cichlasoma"*-Verwandtschaft geeignet. *„C." labiatum* ist ein robuster, anpassungsfähiger Pflegling, dessen

Zucht

nicht sonderlich schwierig ist. Er zeigt die typischen Verhaltensmuster eines Offenbrüters, laicht jedoch, wenn sich dazu die Möglichkeit bietet, auch in Höhlen ab. Die Nachkommen werden in einer Vater-Mutter-Familie aufgezogen, in der die Geschlechter verschiedene Rollen übernehmen. Während des Ei- und Larvenstadiums betreut das Weibchen verstärkt die Brut, und das Männchen verteidigt die Grenzen des Brutreviers.

Der Hafen von Manaus (Brasilien) ist das Ziel vieler Zierfischfänger.

„Cichlasoma“ (Theraps) lentiginosum

(STEINDACHNER, 1864)

Fundorte von „Cichlasoma“ (Theraps) lentiginosum

Dieser Buntbarsch ist ursprünglich als *Heros lentiginosus* beschrieben worden. Im Jahre 1983 wurde er gleich mehrfach, unter anderem auch von uns, in wenigen Exemplaren lebend nach Europa eingeführt. Die erste Nachzucht gelang ein Jahr später. Die maximale Länge der Fische beträgt gut 20 Zentimeter.

Ihre Grundfärbung besteht aus einem weißlichen Grau, das bei adulten Tieren in der Bauchregion einen zart rosa bis rötlichen und in der Rückenregion einen gelbgrünen Anflug zeigt. Zwischen dem Rand des Kiemendeckels und dem Schwanzwurzelfleck können sieben schwarze Querstreifen über die Flanken ziehen. Zusätzlich können unmittelbar unter dem Ansatz der Rückenflosse und in Augenhöhe je ein schwarzes Längsband in Erscheinung treten. Dort, wo sich Längs- und Querstreifen kreuzen, ist die Pigmentierung besonders intensiv, so daß, wenn die Querstreifen verblassen, häufig der Eindruck von zwei Längsreihen unregelmäßiger schwarzer Flecken entsteht. Insbesondere der dritte Flankenfleck ist in der Regel besonders groß und kräftig ausgebildet. Der gesamte Körper ist mit winzigen schwarzen Pünktchen übersät. Die Rückenflosse besitzt einen kräftig roten Saum. Mit Ausnahme der Brustflossen weisen alle Flossenhäute rote Strich- oder Punktmuster auf. Während der Brutpflege treten die schwarzen Zeichnungen auf sehr hellem, blaugrauem Grund besonders kontrast-

„Cichlasoma“ (Theraps) lentiginosum

reich hervor. Bemerkenswert ist, daß dagegen vor allem bei balzenden Weibchen die schwarzen Muster bis auf den dritten Flankenfleck, der dann intensiv hellblau glänzt, völlig verschwinden. Offenbar tritt diese Art in mehreren Farbrassen auf. Männliche und weibliche Tiere sind an Hand äußerer Merkmale nicht zu unterscheiden.
„Cichlasoma" lentiginosum stammt aus Mittelamerika. Die

natürlichen Lebensräume

liegen im nordwestlichen Guatemala und in den mexikanischen Bundesstaaten Chiapas und Tabasco, vor allem im Einzugsgebiet des Rio Usumacinta. Fundorte sind beispielsweise in Mexiko der Rio Teapa, der Rio Nututun (STAECK, 1984) sowie der Rio Chamula (STAWIKOWSKI, 1983). Der Rio Nututun ist ein Gebirgsflüßchen, dessen Flußbett felsig und mit Geröll gefüllt ist. Er enthält sehr klares, mittelhartes Wasser, das eine deutlich alkalische Reaktion zeigt. Nach unseren Beobachtungen ist dieser Cichlide ausgesprochen reophil, d. h. strömungsliebend, denn er hielt sich mit Vorliebe in den Gewässerabschnitten auf, die eine sehr starke Strömung besaßen. Fortpflanzungsaktive und brutpflegende Fische fanden sich allerdings nur in Bereichen mit möglichst geringer Wasserbewegung, wo der Untergrund zum Teil sandig oder schlammig war. Weitere Cichliden in diesem Biotop waren *Petenia splendia* (vgl. S. 148), *„Cichlasoma" intermedium* (S. 81), *„C." salvini, „C." bifasciatum* (S. 56) und *Thorichthys helleri*. Ferner lebten dort eine Wels-, eine Grundel-, eine Ährenfisch-Art, der Salmler *Astyanax fasciatus* sowie *Poecilia sphenops,* ein lebendgebärender Zahnkarpfen. *„Cichlasoma" lentiginosum* ist ein robuster, anpassungsfähiger Buntbarsch, dessen

Haltung

keineswegs schwierig ist. Da er recht lebhaft und schwimmfreudig ist, benötigt er relativ viel Raum. Langfristig ist die artgemäße Pflege nur in größeren Aquarien möglich, die in etwa eineinhalb Meter lang sind. Bei der Einrichtung ist zu beachten, daß mit größeren Steinen eine Anzahl Höhlen geschaffen wird. Da dieser Cichlide ausgesprochen pflanzenfreundlich ist, besteht auch die Möglichkeit, das Aquarium zu begrünen. Allerdings kommen in den natürlichen Biotopen gewöhnlich keine höheren Wasserpflanzen vor. Den chemischen Eigenheiten des Wassers braucht im allgemeinen keine besondere Aufmerksamkeit geschenkt zu werden. Um eine möglichst abwechslungsreiche Ernährung zu gewährleisten, sollten ihm deshalb neben Wasserflöhen und Insektenlarven auch zerschnittener Fisch und Krebsfleisch (Shrimps) angeboten werden.

„Cichlasoma" (Theraps) lentiginosum bei der Brutpflege im natürlichen Lebensraum.

Für die

Zucht

bilden einige Höhlen eine wichtige Voraussetzung, da diese Art ein Höhlenbrüter ist. Wir konnten im natürlichen Lebensraum beobachten, daß die Fische den Sand unter flachen Steinen entfernt und dann in den entstandenen Hohlräumen abgelaicht hatten. Beide Geschechter sind an der Betreuung und der Verteidigung der Jungfische beteiligt. Als erstes Futter für die Fischbrut sind die Larven des Salinenkrebses besonders empfehlenswert.

Tabelle Nr. 18

Ort:	Rio Nututun bei Palenque (Chiapas, Mexiko)
Sichtweite:	ca. 3 m
Farbe:	grünlich
pH-Wert:	8,85
Gesamthärte:	12,5° dH
Karbonathärte:	12,0° dH
Leitfähigkeit:	1200 μS bei 27° C
Wassertiefe:	1,50 – 3,50 m
Wasserbewegung:	starke Strömung
Wassertemperatur:	27° C
Lufttemperatur:	30° C
Datum:	2. 4. 1983 Uhrzeit 14.00 Uhr

„Cichlasoma“ (Theraps) maculicauda

REGAN, 1905

Für diesen mittelamerikanischen Buntbarsch gibt es mehrere Synonyme: *„Cichlasoma“ globosum, „C.“ manana* und *„C.“ nigritum.* Alle drei Namen wurden von MEEK im Jahre 1907 publiziert. Die Art zählt zu der kleinen Gruppe von Cichliden, die bereits vor dem Ersten Weltkrieg in Deutschland gepflegt wurden. Sie starb jedoch in Europa rasch wieder aus und geriet dann in Vergessenheit. Erst Ende der siebziger Jahre wurden die Fische erneut lebend eingeführt. Sie können eine Länge von ungefähr 30 cm erreichen.

Cichlasoma maculicauda ist ein prächtig gefärbter Cichlide. Auf grauem bis graugrünem Untergrund zeigt er einen zarten Metallglanz. Zwischen dem neunten bis zwölften Strahl der Rückenflosse trägt er einen schwarzen Fleck, der sich in einem gleichfarbigen vertikalen Gürtelband fortsetzt, das über die Körperseiten verläuft. Im mittleren Bereich der Schwanzwurzel befindet sich ein weiterer schwarzer Fleck. Die untere Kopfre-

Fundorte von „Cichlasoma“ (Theraps) maculicauda

gion und die Kehle sind karminrot gefärbt. Die Stirn weist zwischen der Oberlippe und den Augen einen braungelben Farbton auf. Die Bauchflossen, die Rücken- und die Afterflosse sind blaugrün getönt und tragen ein

„Cichlasoma“ (Theraps) maculicauda

Cichlidenbiotop bei Tamasopo (San Luis Potosi, Mexiko).

Muster schwarzer Tüpfel. Die Schwanzflosse ist dagegen kräftig rot gefärbt. Während der Brutpflege verblaßt das prächtige Farbkleid der Fische etwas, da sie dann sehr dunkle, schiefergraue Töne annehmen. Die sonst dunkle Iris färbt sich dann zitronengelb. Da ein Sexualdimorphismus fehlt, sind die Geschlechter nur schwer zu unterscheiden. Männliche Fische werden allerdings deutlich größer und besitzen im Alter eine kräftiger entwickelte Beflossung.

Das wichtigste
arttypische Merkmal
an dem dieser Buntbarsch zu erkennen ist, bildet die Färbung, insbesondere der schwarze Gürtelstreifen und die rote Schwanzflosse.

Ähnliche Arten
finden sich in der *„Cichlasoma“*-Sektion *Theraps,* der auch *„C.“ maculicauda* zugeordnet wird. Beispielsweise zeigen *„C.“ bifasciatum* (vgl. S. 56) und *„C.“ melanurum* mehr oder weniger dieselbe Körperform und vergleichbare Farben. Bei beiden Arten verlaufen die schwarzen Zeichnungen auf den Flanken aber nicht vertikal, sondern horizontal, d. h. parallel zur Längsachse des Körpers.
„Cichlasoma“ maculicauda ist in Mittelamerika weit verbreitet. Die

natürlichen Lebensräume
erstrecken sich vom Rio Chagres in Panama über Costa Rica, die atlantische Seite von Honduras und Nikaragua (Nikaraguasee) bis nach Belize (Golden Stream) und Guatemala (Lake Izabal). Interessante Beobachtungsergebnisse, die bei Untersuchungen von natürlichen Biotopen in Panama erzielt wurden, publizierte PERRONE (1978): Die Fortpflanzungsaktivitäten gehen vom Männchen aus, das ein Revier mit einem Durchmesser von einem bis zwei Meter besetzt und dann jedes fortpflanzungsbereite Weibchen anbalzt. Die Fische besitzen keine begrenzte Fortpflanzungszeit, sondern laichen das ganze Jahr hindurch. In ihren Heimatländern treten sie auch in den Brackwasser führenden Unterläufen der Flüsse auf. Sie sollten deshalb nicht in mineralarmem Wasser oder bei pH-Werten im deutlich sauren Bereich gepflegt werden.

Die
Haltung
dieses robusten und anpassungsfähigen Buntbarsches ist einfach, wenn beachtet wird, daß er infolge seiner Größe auf Dauer ein sehr geräumiges Aquarium benötigt, das eine Länge von rund eineinhalb Meter besitzen sollte. Zum Wohlbefinden der Fische tragen einige höhlenartige Versteckplätze bei, die mit Hilfe von größeren Steinen oder Moorkienwurzeln angelegt werden. Adulte Exemplare benötigen eine kräftige Ernährung, weshalb sie regelmäßig mit Fisch und Krebsfleisch zu füttern sind. Die

Zucht
ist unter der Voraussetzung, daß ein harmonierendes Paar vorhanden ist, nicht schwer. Die Fische legen den Laich meist auf einem flachen Stein ab. Bei einer Wassertemperatur von ungefähr 28° Celsius schlüpfen die Larven nach 48 Stunden. Fünf Tage später beginnen die Jungfische zu schwimmen. In der Natur betreuen die Eltern die Jungtiere ungefähr 40 bis 50 Tage, bis sie eine Länge von 22 mm erreicht haben.

„Cichlasoma“ (Parapetenia) managuense

(GÜNTHER, 1869)

Fundorte von „Cichlasoma“ (Parapetenia) managuense

Ebenso wie viele andere Vertreter der Sektion *Parapetenia* wurde auch diese Art ursprünglich der Gattung *Heros* zugeordnet. Im Aquarium wurde sie in Europa erstmals Ende der 70er Jahre gepflegt. Da die Fische eine Größe von über 50 Zentimeter erreichen können (BARLOWE), zählen sie in ihrem natürlichen Verbreitungsgebiet zu den beliebtesten Speisefischen.

Die Grundfarbe von *„C.“ managuense* ist ein silbriges Weißgrau, das manchmal einen grünlichen Anflug zeigt. Körper und Flossen sind mit zahlreichen kleinen schwarzen Flekken übersät, die zum Teil in unregelmäßigen Reihen angeordnet sind oder zu Strichen zusammentreten. In der oberen Hälfte des Schwanzstiels liegt ein Schwanzwurzelfleck. Ein dunkles Längsband, das in der Regel in sechs große unregelmäßige Flecken zerfällt, verbindet den Rand des Kiemendeckels mit der Schwanzwurzel. Diese Flecken können Ausgangspunkt für verwaschene Querbänder sein, deren Ausbildung jedoch stimmungsbedingt ist. Der Ansatz der Brustflossen ist meist durch einen schwarzen Fleck markiert. Bei erwachsenen Exemplaren ist die Iris braunrot bis rötlich getönt. Wie das Foto zeigt, gibt es

„Cichlasoma“ (Parapetenia) managuense

auch Fische, denen sowohl das erwähnte Längsband bzw. die Längsreihe von Flecken als auch die Querbänder völlig fehlen. Darüber hinaus ist *„C." managuense* eine polychromatische Art. Neben der vorstehend beschriebenen Normalmorphe treten gelegentlich in den natürlichen Biotopen auch Tiere auf, die gelb bis goldfarben aussehen, aber sehr selten sind. Da die Geschlechter isomorph sind, lassen sich Männchen und Weibchen aufgrund äußerer Merkmale kaum mit Sicherheit unterscheiden. Obwohl bei männlichen Fischen das Fleckenmuster häufig kräftiger ausgebildet ist, bildet es kein verläßliches Merkmal, um das Geschlecht zu bestimmen.

Arttypische Merkmale,
die für die Aquaristik von Bedeutung sind, da sie die Bestimmung von *„C." managuense* ermöglichen, bilden das tiefgespaltene Maul, das bis unter das Auge reicht, das Muster kleiner schwarzer Flecken auf den Körperseiten sowie das Fehlen eines deutlich ausgebildeten farblichen Sexualdimorphismus. In der Sektion *Parapetenia* gibt es mehrere recht

ähnliche Arten.
Zu ihnen zählen *„Cichlasoma" friedrichsthali* (HECKEL, 1840) und *„C." motaguense* (GÜNTHER, 1869), die beide ein deutlich kleineres, weniger tiefgespaltenes Maul besitzen, sowie *„C." dovii* (GÜNTHER, 1864). Bei jener Art sind die kleinen schwarzen Flecken auf den Flanken in regelmäßigen Reihen angeordnet. Sie treten auch nicht zu Linien zusammen (vgl. S. 71). Ferner zeigt jener Buntbarsch einen deutlichen farblichen Sexualdimorphismus.

Die
natürlichen Lebensräume
von *„Cichlasoma" managuense* liegen in Mittelamerika. Die Verbreitung erstreckt sich vom östlichen Honduras über Nikaragua bis zur atlantischen Seite von Costa Rica. Als Fundorte sind unter anderem der Nikaragua- und Managuasee belegt. Neuerdings wurde die Art auch in mexikanischen Gewässern nachgewiesen, wo sie aber vermutlich durch den Menschen eingeführt wurde. Die Fische bewohnen sehr unterschiedliche Gewässertypen, die in ihrem Wasserchemismus erheblich voneinander abweichen können. Erwar-

Typische Klarwasserflüsse besitzen eine grünliche Färbung.

tungsgemäß ist die

Haltung
dieses robusten und anpassungsfähigen Cichliden in dieser Hinsicht auch völlig unproblematisch. Andererseits ist er jedoch infolge seiner Endgröße im Grunde kein Aquarienfisch. Langfristig werden für seine Pflege sehr geräumige Spezialbehälter benötigt, die über eineinhalb Meter lang sind. Allerdings sind erwachsene Exemplare recht ruhige Pfleglinge, die offenbar kein sehr ausgeprägtes Bewegungsbedürfnis besitzen. Versteckplätze aus großen Steinplatten können zum Wohlbefinden der Fische beitragen. Um den Schwimmraum nicht unnötig zu vermindern, sollte die Bepflanzung des Behälters sparsam sein und nur aus wenigen robusten Einzelexemplaren bestehen. Die

Zucht
dieses Großcichliden ist im Aquarium durchaus möglich, da er bereits mit einer Körperlänge von rund zwölf Zentimeter geschlechtsreif wird. Er ist ein Offenbrüter, der vorzugsweise auf flachen Steinen ablaicht. Beide Eltern betreuen und verteidigen die Brut. Da sie während der Brutpflege große Reviere beanspruchen, sollte man sie für Zuchtversuche in einem gesonderten Aquarium isolieren. Die Jungfische können mit zerkleinertem Flockenfutter und fein ausgesiebten Wasserflöhen gefüttert werden.

„Cichlasoma“ (Theraps) nicaraguense
(GÜNTHER, 1864)

Dieser mittelamerikanische Cichlide aus der Sektion *Theraps* wurde ursprünglich als *Heros nicaraguensis* beschrieben. Synonyme für diese Spezies sind *Heros balteatum* GILL & BRANSFORD, 1877, und *Cichlasoma spilotum* MEEK, 1912. Nach Europa wurde die Art erstmals Ende der 70er Jahre lebend eingeführt. Männliche Fische können eine Länge von rund 20 Zentimeter erreichen, Weibchen bleiben deutlich kleiner.

Die wichtigsten schwarzen Zeichnungen im Farbkleid der Fische sind ein kleiner Schwanzwurzelfleck, ein großer Seitenfleck, der unter der Seitenlinie im Bereich des zwölften bis fünfzehnten Hartstrahls der Rückenflosse liegt, und ein Längsband, das sich vom Kiemendeckel zur Schwanzwurzel erstreckt. Die Ausbildung dieser Muster ist jedoch stimmungsbedingt. Männliche und weibliche Exemplare sind ohne Schwierigkeiten zu

Fundorte von „Cichlasoma“ (Theraps) nicaraguense

unterscheiden, da diese Art sowohl dimorph als auch dichromatisch ist, das heißt, die Geschlechter unterscheiden sich in der Größe

„Cichlasoma“ (Theraps) nicaraguense ♀

und Färbung.

Die Weibchen tragen in der Rückenflosse, der Rückenregion und besonders im unteren Bereich des Kopfes intensiv gelb- oder blaugrün glänzende Farbzonen. Der Bauch ist bei ihnen leuchtend gelborange bis orangerot gefärbt. Der restliche Körper sieht kupferfarben bis kräftig goldgelb aus. Die Bauchflossen und die Afterflosse sind bläulich getönt.

Männliche Tiere sehen weniger farbig aus. Insbesondere sind die Grüntöne bei ihnen weniger intensiv ausgebildet, und die rotorange Färbung der Bauchregion fehlt im allgemeinen gänzlich. Dafür besitzen aber manche Exemplare unmittelbar hinter dem Ansatz der Brustflossen einen kräftig roten Fleck. Meist zeigen die männlichen Fische eine grüngolden bis messing- oder kupferfarbene Grundfärbung. Selbst halbwüchsige Männchen sind bereits leicht an einem auffälligen Tüpfelmuster aus kleinen hellen und dunklen Punkten zu erkennen, das sie in den unpaaren Flossen tragen und das den Weibchen fehlt. Bei älteren Männchen vergrößern sich die Stirn- und Nackenregion, bis die Profillinie oberhalb des Maules beinahe senkrecht ansteigt und die Fische einen unförmigen, unproportioniert wirkenden Kopf besitzen.

Von *„Cichlasoma“ nicaraguense* sind verschiedene geographische Farbrassen bekannt (LOPES, 1974). Fischen aus dem Nikaraguasee fehlen die grünen Farbtöne. Diese Rasse ist in der Rückenregion purpurfarben, in der Bauchregion bei den Weibchen gelbrot, bei den Männchen eher weißlich gefärbt. Die Oberseite des Kopfes sieht bei den Männchen kräftig purpurrot, die Unterseite gelbrot bis goldgelb aus. Die Kehlhäute der Weibchen sind leuchtend rot getönt. Bei dieser Farbrasse trägt das schwarze Längsband in der hinteren Körperhälfte fünf bis sechs Flekken, die häufig in vertikaler Richtung zu Querstreifen verlängert sind. Das wichtigste

arttypische Merkmal,

an dem dieser Buntbarsch zu erkennen ist, bildet das Farbkleid, insbesondere der Flankenfleck und der Längsstreifen. Hinzu kommt der Besitz von bis zu 20 Hartstrahlen in der Rückenflosse und von bis zu 9 Hartstrahlen in der Anale (LOPEZ, 1974). Diese Werte sind für die Sektion *Theraps* ungewöhnlich hoch. Eine Verwechslung dieses Cichliden mit anderen Arten ist nicht wahrscheinlich. Seine

„Cichlasoma“ (Theraps) nicaraguense ♂

natürlichen Lebensräume

befinden sich ausschließlich auf der atlantischen Seite Mittelamerikas. Die Fundorte liegen in Nikaragua, insbesondere in den großen Grabenseen (Nikaragua-, Managua-, Jiloasee) und im nördlichen Costa Rica (Einzugsgebiet des Rio Sapoa und Rio San Carlos). Die Heimatgewässer besitzen pH-Werte im Bereich zwischen 7 und 9 und zum Teil auch eine mittlere Härte. In den großen Seen wurden sie auch noch in einer Tiefe von 15 m und mehr nachgewiesen. Gewöhnlich halten sie sich aber im flacheren Wasser auf, wo unverpaarte Fische auf der Nahrungssuche in großen Schulen weit umherziehen. Da die Mitglieder derartiger Verbände dieselbe Größe haben, sind sie vermutlich Geschwister. Magenuntersuchungen (vgl. THORSON, 1976) ergaben, daß sich die Tiere im natürlichen Biotop hauptsächlich von Algen ernähren, daß aber auch Zuckmückenlarven (Chironomidae) und vor allem Mollusken wichtige Bestandteile der Nahrung sind. Bei der

Haltung

dieses empfehlenswerten Buntbarsches treten keine besonderen Probleme auf. Auf Dauer ist er jedoch nur in einem Aquarium zu pflegen, dessen Seitenkante deutlich über einen Meter lang ist. Versteckmöglichkeiten tragen merklich zum Wohlbefinden der Tiere bei. Es empfiehlt sich, nur harte, widerstandsfähige Pflanzen in diesem Aquarium zu kultivieren. Als Bodengrund sollte Sand verwendet werden. Für die

Zucht

sind keine besonderen Vorkehrungen notwendig. Besonders zu beachten ist jedoch, daß die Fische das Gelege nicht auf einem Substrat anheften, sondern in einer Grube ablegen. Deshalb ist es wichtig, daß als Untergrund Sand und keinesfalls grober Kies verwendet wird. In einer Vater-Mutter-Familie, in der es eine deutliche Rollenverteilung gibt, betreuen beide Elternfische die Brut. Bei Temperaturen um 27° Celsius haben die Jungfische nach etwa 12 Tagen das Larvenstadium durchlaufen. Dann ist es Zeit, sie mit den Larven des Salinenkrebses und zerkleinertem Flockenfutter zu füttern.

Viele Inseln im Rio Negro haben einen weißen Sandstrand.

„Cichlasoma“ panamense
(MEEK & HILDEBRAND, 1913)

Dieser mittelamerikanische Buntbarsch wurde ursprünglich aufgrund von Besonderheiten seiner Bezahnung als *Neetroplus panamensis* beschrieben. Später stellte sich dann aber heraus, daß die Unterschiede in der Form der Zähne, die diese Art zu den Vertretern der Gattung *„Cichlasoma“* aufwies, nicht im Erbgut fixiert, sondern nur durch die Lebensweise und Umwelt bedingt waren. ROGERS (1981) überführte sie deshalb in die Gattung *„Cichlasoma“*. Anfang der 80er Jahre wurden die Fische sowohl nach England als auch nach Deutschland erstmals lebend eingeführt. Vorher waren sie schon in den USA im Aquarium vermehrt worden. Die maximale Größe dieses Cichliden liegt bei knapp 15 Zentimeter.
Die Fische sind graugrün, in der Rückenregion eher grünlich gefärbt. Zwischen dem Ansatz der Brustflossen und der Schwanzwurzel liegt in Höhe des unteren Astes der

Fundorte von „Cichlasoma“ panamense

„Cichlasoma“ panamense ♀

„Cichlasoma" panamense ♂

Seitenlinie eine Reihe unregelmäßiger schwarzer Flecken. Eine weitere Reihe derartiger schwarzer Zeichnungen kann sich auch im oberen Bereich des Körpers befinden. Bisweilen sind beide durch Querstreifen miteinander verbunden. Vor allem bei männlichen Fischen sind die Rückenregion, der Nacken, gelegentlich aber auch der vordere Teil der Rückenflosse mit winzigen silbrigen bis bläulichen Glanzpunkten übersät. In dem Bereich unmittelbar hinter und über dem Brustflossenansatz liegt eine rote Farbzone, die sich auch über die gesamte Brust- und Bauchregion sowie bis in die Rückenflosse ausdehnen kann. Ausmaß und Intensität der Rotfärbung hängen wesentlich vom Alter und von der jeweiligen Stimmung der Fische ab. Während der Brutpflege wird das Farbkleid kontrastreicher. Das gilt insbesondere für die schwarzen Zeichnungen, die sich dann ausdehnen. Vor allem bei den Weibchen verfärbt sich nun die untere Hälfte des Kopfes tiefschwarz. Männliche und weibliche Tiere sind aufgrund äußerer Merkmale erst im Alter gut zu unterscheiden. Bei den Männchen entwickeln sich dann eine steiler ansteigende Stirn, länger ausgezogene Flossen sowie eine kräftigere Rotfärbung.

Arttypische Merkmale

dieser Spezies bilden das Farbkleid mit den charakteristischen roten und schwarzen Zeichnungen, das auffällig kleine Maul sowie der Besitz von nur 9 (seltener 8 oder 10) Weichstrahlen in der Rücken- und 6 bis 8 Weichstrahlen in der Afterflosse. Eine Verwechslung mit anderen mittelamerikanischen Cichliden ist wenig wahrscheinlich. Zu den

ähnlichen Arten

könnte man jedoch einige Vertreter der Sektion *Theraps* zählen, da sie ebenfalls eine kräftige Rotfärbung und vergleichbare schwarze Muster zeigen. Jene Arten besitzen jedoch ausnahmslos mehr als zehn Weichstrahlen in der Dorsale.

„Cichlasoma" panamense ist in Panama endemisch. Die

natürlichen Lebensräume

liegen sowohl auf der atlantischen als auch auf der pazifischen Seite. Der Typusfundort ist der Rio Mandingo in der Kanalzone. Die Verbreitung der Fische scheint dort auf die Einzugsgebiete des Rio Chagres und des Rio Tuira sowie in Ostpanama (Darién) auf den Rio Sambú und den Rio Chucunaque beschränkt zu sein. SELLICK (briefl. Mitt.) fing diese Art im Rio Frijoles in leicht saurem (pH-Wert: 6,8) und relativ weichem Wasser (Leitfähigkeit: 124 Mikro-Siemens). Da die Fische jedoch recht anpassungsfähig sind, müssen diese Bedingungen weder bei der

Haltung

noch bei Zuchtversuchen nachgeahmt werden. Auf Dauer sollten sie nur in Aquarien gepflegt werden, die über einen Meter lang sind. Bei der Einrichtung ist es empfehlenswert, mit Wurzeln oder größeren Steinen mehrere höhlenartige Unterstände anzulegen, da diese Art offenbar derartige Örtlichkeiten als Laichplätze bevorzugt. Größere, robuste Pflanzen werden von den Fischen nicht beschädigt. Ihre Vergesellschaftung mit mittelgroßen *„Cichlasoma"*-Arten, beispielsweise aus den Sektionen *Archocentrus* oder *Thorichthys* ist gut möglich. Die

Zucht

von *„Cichlasoma" panamense* ist bei einer artgemäßen Pflege nicht schwierig. Als Laichsubstrat bevorzugen die Tiere glatte Steine. Das Gelege, die Larven und später auch die Jungfische werden sowohl vom Weibchen als auch vom Männchen betreut und verteidigt. Als erstes Futter für die Fischbrut haben sich die Larven des Salinenkrebses und zerriebenes Flockenfutter bewährt.

„Cichlasoma" (Archocentrus) sajica

BUSSING, 1974

Fundorte von „Cichlasoma" (Archocentrus) sajica

Dieser Buntbarsch gehört zu jener kleinen Gruppe von Arten, die erst in jüngster Zeit entdeckt und beschrieben wurden. Männliche Fische können eine Länge von knapp zwölf Zentimeter erreichen. Die Weibchen bleiben erheblich kleiner und haben bereits bei ungefähr acht Zentimeter ihre Endgröße erreicht.

Da es zwischen Männchen und Weibchen auch deutliche Unterschiede im Farbkleid gibt, läßt sich bei dieser Art die Geschlechtszugehörigkeit leicht ermitteln. Männliche Fische besitzen eine lehmgelbe bis rehbraune Rückenregion. Ihr Kopf ist kräftig gelb-

„Cichlasoma" (Archocentrus) sajica, unten ♀, oben ♂

braun bis orangefarben getönt. Der Bereich zwischen Kiemendeckel und Vorkiemendekkel erscheint als kontrastreich abgesetzte hellblaue Zone. Der restliche Körper ist taubenblau bis graubraun gefärbt. Die Strahlen der unpaaren Flossen sind kräftig weinrot getönt, die Flossenhäute irisieren dagegen hellblau. Die Rückenflosse besitzt einen feinen roten Saum.
Weibchen dieser Art besitzen ein schlichteres Farbkleid. Sie sind überwiegend grau, in der unteren Körperhälfte eher blaugrau gefärbt. Die untere Kopfregion und die Kehle können einen hellblauen Farbton annehmen. In der Brutpflege verfärben sich die weiblichen Fische sehr dunkel. Kopf, Brust und Bauch können beinahe schwarz aussehen.
Bei beiden Geschlechtern treten auf den Körperseiten sieben verwaschene dunkle Querstreifen auf, deren Ausbildung allerdings stimmungsbedingt ist. Der dritte, der im allgemeinen weit kräftiger als die übrigen hervortritt, wird bei brutpflegenden Weibchen zu einem tiefschwarzen Querband verstärkt, das auch auf die Rückenflosse übergreift. Zusätzlich erscheint ein unscharf begrenzter dunkler Längsstreifen, der vom Rand des Kiemendekkels zur Schwanzwurzel ziehen kann, meist aber bereits auf dem dritten Querstreifen endet, so daß eine Art auf der Seite liegende T-Zeichnung entsteht. Schließlich zeigen die Fische noch einen verwaschenen schwarzen Schwanzwurzelfleck. Zu den

arttypischen Merkmalen,

die eine Identifizierung dieses Cichliden ermöglichen, gehören der Besitz von nur 6–7 Hartstrahlen in der Afterflosse. Ferner ist für diese Art ganz charakteristisch, daß der dritte Querstreifen besonders kräftig ausgebildet ist und daß auf den Körperseiten ein dunkler Längsstreifen auftritt.

Ähnliche Arten

finden sich in der Sektion *Archocentrus,* der *„Cichlasoma" sajica* ebenfalls zugeordnet wird. *„C." spinosissimum* (VAILLANT & PELLEGRIN, 1902) zeigt eine einfarbig graue Grundfärbung, das heißt, es fehlen die gelben und kräftig blauen Farbtöne. Ferner besitzt diese Art 11 oder 12 Hartstrahlen in der Anale. Sie zeigt keinen Längsstreifen auf den Flanken. *„Cichlasoma" spilurum* (GÜNTHER, 1862) besitzt 8 bis 10 Analstacheln. Auch dieser Spezies fehlen sowohl rote Farbtöne in den Flossen als auch der dunkle Längsstreifen auf den Körperseiten (vgl. S. 108). *„Cichlasoma" sajica* besitzt nur eine vergleichsweise begrenzte Verbreitung. Die

natürlichen Lebensräume

liegen ausschließlich auf der pazifischen Seite von Costa Rica. Die Fische wurden dort bisher nur zwischen dem Einzugsgebiet des Rio Esquinas und Punta Mala nachgewiesen. Einige Informationen über die Fundorte und die Ökologie dieses Cichliden gibt BUSSING (1974) in der Erstbeschreibung: *„C." sajica* kommt ausschließlich in langsam fließenden, kleinen Gewässern vor, die nur wenige Meter breit sind, trat aber sowohl über Sandboden als auch über Kies auf. Magenuntersuchungen ergaben, daß sich die Fische vorwiegend von pflanzlichem Material ernähren. Neben Fadenalgen und kleinen Samen wurden aber auch Wasserinsekten und kleine Fische gefressen. *„C." sajica* ist ein anpassungsfähiger Pflegling, dessen erfolgreiche

Haltung

als leicht zu bezeichnen ist. Ein Aquarium mit einer Seitenlänge von knapp einem Meter bietet diesen Fischen ausreichend Raum. Ihr Wohlbefinden wird durch höhlenartige Unterstände sichtlich gesteigert. Obwohl sie sich im natürlichen Lebensraum von pflanzlichem Material ernähren, sind sie im Aquarium keine Pflanzenfresser, wenn nicht extrem zarte Gewächse verwendet werden. Sie zählen zu den relativ friedlichen Cichliden und sollten deshalb vorzugsweise mit anderen mittelamerikanischen Arten vergesellschaftet werden, die ihnen in Größe und Verhalten ähneln.

Die

Zucht

gelingt durchaus in einem Gesellschaftsaquarium. Falls die Fische entsprechende Örtlichkeiten vorfinden, laichen sie vorzugsweise in Höhlen ab. Während der Brutpflege bilden sie eine Vater-Mutter-Familie, das heißt, die Geschlechter übernehmen unterschiedliche Rollen. Sobald die Larven geschlüpft sind, zeigen die Eltern eine rege Grabetätigkeit, da sie die noch nicht schwimmfähigen Jungtiere in flachen Gruben ablegen, die sie mehrfach wechseln. Die Aufzucht der Brut mit den üblichen Futtermitteln gelingt leicht.

„Cichlasoma" (Archocentrus) septemfasciatum

REGAN, 1908

MEEK (1914) und einige spätere Autoren sahen diese Spezies aus der Sektion *Archocentrus* fälschlich als identisch mit *„Cichlasoma" spilurum* (GÜNTHER, 1862) aus Guatemala an. Dieser Irrtum wurde unter anderem von BUSSING (1974) korrigiert. Die Fische tauchten Ende der 70er Jahre erstmals in der Aquaristik auf, anfangs nur in den USA, später aber auch in Deutschland. Die maximale Körperlänge kann bei den Männchen knapp 12 Zentimeter betragen. Weibliche Tiere bleiben erheblich kleiner und erreichen nur etwa eine Länge von 8 Zentimeter.

Erwachsene Fische sind nicht nur sexualdimorph, sondern auch sexualdichromatisch, so daß sich die Geschlechter leicht unterscheiden lassen. Die Weibchen sehen weit farbiger aus als die Männchen. Ihre Grundfärbung besteht aus einem hellen Blaugrau oder Taubenblau. Der obere Bereich der Wangen und des Kiemendeckels zeigt meist gelbliche

Fundorte von „Cichlasoma" (Archocentrus) septemfasciatum

bis orangefarbene Töne. Die Kehle und die Brust sind blau gefärbt. In der vorderen Körperhälfte treten einzelne Schuppen auf, die einen zarten Kupferglanz aufweisen. Über die Flanken ziehen sieben dunkle Querstreifen,

„Cichlasoma" (Archocentrus) septemfasciatum ♀

In derartigen Gewässern ist der Fang von Cichliden äußerst schwierig.

von denen der dritte, der auch auf die Rückenflosse übergreift, und der letzte, der zugleich den Schwanzwurzelfleck bildet, besonders kräftig hervortreten. Selbst wenn alle anderen Streifen verblassen, bleiben diese beiden als kräftig schwarze Flecken erhalten. Die Bauchflossen sehen größtenteils schwarz aus. Die unpaaren Flossen sind bläulich getönt. Der vordere Bereich der Dorsale zeigt einen leicht metallischen Glanz. Die Iris ist kräftig dunkelblau gefärbt. Männlichen Fischen fehlen die orangegelben Farbtöne, die kupferfarbenen Schuppen und die schwarze Zeichnung in der Rückenflosse, die jedoch bei ihnen ebenso wie die Afterflosse lang ausgezogen ist.

Arttypische Merkmale

gibt es vor allem im Farbkleid der Fische. Besonders charakteristische Kennzeichen bilden der dritte Querstreifen auf den Körperseiten, der häufig zu einem Flankenfleck reduziert ist und die kräftig blauen Farbtöne in der unteren Kopfregion und im Bereich der Brust. Zu den

ähnlichen Arten

sind mehrere Vertreter der Sektion *Archocentrus* zu zählen, insbesondere *„Cichlasoma" spilurum* (GÜNTHER, 1862). Jene Art trägt jedoch niemals einen Flankenfleck. Ferner zeigen männliche Fische im Bereich von Kehle und Brust lehmgelbe Farbtöne (vgl. S. 108).

Die

natürlichen Lebensräume

von *„Cichlasoma" septemfasciatum* liegen ausschließlich auf der atlantischen Seite von Mittelamerika. Die Verbreitung ist relativ eng begrenzt und erstreckt sich vom Südosten Nikaraguas bis in das östliche Costa Rica. Als Fundorte sind das Einzugsgebiet des Rio San Juan und die Umgebung von Limon (Costa Rica) belegt. Die Heimatgewässer dieses Cichliden führen im allgemeinen weiches bis mittelhartes Wasser, dessen pH-Wert im leicht alkalischen Bereich liegt. Da sich die

Haltung

der Fische infolge ihrer Anpassungsfähigkeit und Robustheit ausgesprochen unproblematisch gestaltet, sind sie auch Aquarianern zu empfehlen, die noch keine Erfahrungen mit der Pflege von Buntbarschen haben. Ein Aquarium mit einer Länge von einem knappen Meter bietet den Fischen genügend Raum. Es sollte unbedingt höhlenartige Versteckmöglichkeiten enthalten, die mit Hilfe größerer Steine und Moorkienwurzeln errichtet werden. Der Boden des Behälters sollte mit Sand oder sehr feinem Kies abgedeckt werden. Härtere Pflanzen werden von den Fischen nicht beschädigt und können deshalb als zusätzliche Dekorationsmittel verwendet werden. Dieser Cichlide ist in bezug auf den Chemismus des Wassers und die Fütterung ausgesprochen anspruchslos. Die

Zucht

gelingt deshalb relativ leicht. Die Fische laichen vorzugsweise an sehr versteckter Stelle ab und benutzen gern Höhlen, wenn dazu die Gelegenheit besteht. Während der Brutpflege zeigen sie eine geschlechtsspezifische Rollenverteilung mit einer ausgeprägten Arbeitsteilung. Das Männchen verteidigt in erster Linie das Brutrevier gegen Freßfeinde, während das Weibchen sich vor allem der Pflege des Geleges und der Larven widmet. Da die Brutpflege der Fische sehr intensiv ist, verlaufen Zuchtversuche im allgemeinen auch in einem biotopgerecht eingerichteten Gesellschaftsaquarium erfolgreich.

„Cichlasoma“ (Theraps) sieboldii
(KNER & STEINDACHNER, 1864)

Ursprünglich wurde dieser mittelamerikanische Buntbarsch aus der Sektion *Theraps* der Gattung *Heros* zugeordnet. REGAN (1908) stellte ihn in die Gattung *Paraneetroplus*. Synonyme sind *Herichthys underwoodi* REGAN, 1906, *Cichlasoma punctatum* MEEK, 1909, und *Theraps terrabae* JORDAN & EVERMANN, 1927. Erstmals eingeführt wurden die Fische durch WEBER & WERNER im Jahre 1980. Ihre maximale Größe liegt bei knapp 30 Zentimeter.

Auf grauem bis gelbgrauem Untergrund tragen die Fische auf den Flanken ein Muster von sechs bis sieben schwarzen Flecken oder unvollständig ausgebildeten Querstreifen, die gewöhnlich in der Körpermitte besonders kräftig hervortreten. Charakteristisch sind ferner ein im Zentrum der Schwanzwurzel liegender dunkler Fleck sowie zwei nahezu waagerecht verlaufende dunkle Streifen auf der Stirn, die die vorderen Ränder der Augen verbinden. Hinter den Brustflossen liegt im allgemeinen eine leicht rötliche bis rosa Farbzone.

Fundorte von „Cichlasoma“ (Theraps) sieboldii

Die Rückenflosse besitzt einen schmalen roten Saum. Teile der unpaaren Flossen tragen ein Muster kleiner braunroter Flecken. Die Art besitzt ein sehr auffälliges Brutpflegekleid. Die schwarzen Zeichnungen treten

„Cichlasoma“ (Theraps) sieboldii bei der Brutpflege: vorn ♀, hinten ♂

In manchen Gebieten des Amazonasurwaldes sind Kaimane noch sehr häufig.

dann besonders kontrastreich hervor. Bei beiden Geschlechtern ist während der Brutpflege der untere Bereich des Kopfes und des Kiemendeckels lackschwarz gefärbt. Da diese Art isomorph ist, sind Männchen und Weibchen nur schwer zu unterscheiden. Männliche Exemplare werden allerdings größer. Während der Brutpflege sind die Weibchen an der Schwarzfärbung des hartstrahligen Teils der Rückenflosse zu erkennen.

Arttypische Merkmale

sind die abgerundete Schwanzflosse, der Besitz von 11–13 Weichstrahlen in der Rükkenflosse, von fünf, im Ausnahmefall auch vier Hartstrahlen sowie 8–9, im Ausnahmefall 10 Weichstrahlen in der Afterflosse. Charakteristisch für *„Cichlasoma" sieboldii* sind ferner die beiden waagerechten schwarzen Streifen auf der Stirn sowie während der Brutpflege die schwarze Färbung der unteren Kopfregion. Zu den

ähnlichen Arten

zählt vor allem *„Cichlasoma" tuba* MEEK, 1912 (vgl. S. 116), eine Spezies, die soviele Parallelen aufweist, daß beide Buntbarsche als Geschwisterarten angesehen werden, die einen gemeinsamen Vorfahren haben. Jene Art besitzt aber eine gestutzte bis eingebuchtete Schwanzflosse, 14–16 Weichstrahlen in der Rückenflosse sowie vier, im Ausnahmefall fünf Hartstrahlen und 10–11 Weichstrahlen in der Afterflosse. Ein weiteres Erkennungsmerkmal bildet während der Brutpflege eine breite schwarze Augenbinde.

„Cichlasoma" sieboldii hat nur eine relativ begrenzte Verbreitung. Die

natürlichen Lebensräume

liegen ausschließlich auf der pazifischen Seite von Costa Rica und Panama. Die Westgrenze des Vorkommens scheint die Umgebung von Esparta (Rio Jesus Maria, Rio Barranca), die Ostgrenze das Einzugsgebiet des Rio San Pedro in Panama zu bilden. Die Fische besiedeln die unterschiedlichsten Biotope. Sie kommen sowohl bei Strömung als auch in stehenden Gewässern vor und scheinen auch in bezug auf die Wasserhärte und den pH-Wert recht anpassungsfähig zu sein. Nach BUSSING (1975) ist dieser Cichlide ein Pflanzenfresser, der sich von Algen, Gräsern sowie den Blättern und Samen der Landvegetation ernährt. Zusätzlich werden aber Wasserinsekten, deren Larven sowie Garnelen gefressen. Die

Haltung

dieses Buntbarsches ist nicht schwierig, wenn ein geräumiges Aquarium mit einer Seitenlänge von ein bis zwei Meter zur Verfügung steht. Falls die Fische mit anderen Cichliden vergesellschaftet werden sollen, muß der Behälter noch erheblich größer sein. Um seine Bodenfläche gut zu gliedern, die Abgrenzung von Revieren zu erleichtern und Versteckplätze zu schaffen, werden für die Einrichtung große Steine und Wurzeln benötigt. Eine Bepflanzung des Aquariums ist im Grunde wenig empfehlenswert. Da die Fische eine gehaltvolle Nahrung benötigen, sollten sie regelmäßig mit zerschnittenen Garnelen und Krabben sowie mit Süßwasser- oder Meeresfischen gefüttert werden. Bei einer artgemäßen Pflege ist auch die

Zucht

keinesfalls besonders schwierig. Die Fische laichen auf Steinen oder Wurzeln ab. Das Gelege, die Larven und die Jungfische werden von den Eltern gemeinsam betreut und verteidigt. Sobald die Fischbrut das Larvenstadium durchlaufen hat, muß sie mit den Nauplien des Salinenkrebses und entsprechend zerkleinertem Flockenfutter gefüttert werden.

„Cichlasoma“ (Theraps) spec. conf. guttulatum

(El Aguacero)

Dieser mittelamerikanische Buntbarsch aus der *„Cichlasoma“*-Sektion *Theraps* ist nach MILLER (briefl. Mitt.) bisher noch nicht wissenschaftlich beschrieben worden. Das abgebildete Exemplar wurde von uns im Jahre 1983 gefangen. Die maximale Länge dieser Spezies dürfte bei ungefähr 25 Zentimeter liegen.

Die wichtigste schwarze Zeichnung im Farbkleid dieses Cichliden bildet ein schwarzes Längsband, das sich vom oberen Winkel des Kiemendeckels bis in die Mitte des Schwanzstieles erstreckt, jedoch nicht auf die Schwanzflosse übergreift. Hinzu kommen fünf bis sechs Querstreifen, die weder den Rücken noch den Bauch erreichen und deren Ausbildung stimmungsbedingt ist. Die Grundfärbung der Fische ist graugrün bis braungelb. In der unteren Kopfregion zeigen sie einen

25

Fundorte von „Cichlasoma“ (Theraps) spec. conf. guttulatum (El Aguacero)

zart grünlichen bis grüngoldenen Metallglanz,

„Cichlasoma“ (Theraps) spec. conf. guttulatum

der von einem recht auffälligen Muster kleiner rotbrauner bis roter Flecken überlagert ist. Dieses Fleckenmuster erstreckt sich auch auf den Nacken, die vordere Rücken- und auf die Brustregion. Der hintere Rand der Schwanzflosse sowie der äußere Bereich des weichen Teils der After- und Rückenflosse sind lebhaft rot gefärbt. Äußere Geschlechtsunterschiede sind nicht bekannt.

Arttypische Merkmale

im Farbkleid dieses Cichliden, an denen er zu identifizieren ist, bilden das Muster kleiner rötlicher Flecken auf Kopf und Vorderkörper sowie das Muster von schwarzen Quer- und einem Längsstreifen auf den Flanken. Mehrere recht

ähnliche Arten

finden sich in der *„Cichlasoma"*-Sektion *Theraps.* Eine besonders nahe Verwandtschaft scheint zu *„Cichlasoma" guttulatum* (GÜNTHER, 1864) zu bestehen, einer Spezies, die aus Guatemala beschrieben wurde. Bei diesem Buntbarsch soll das Muster von Querstreifen auf den oberen Teil des Körpers beschränkt sein (REGAN, 1905).

Der

natürliche Lebensraum

dieses noch unbeschriebenen Buntbarsches liegt im mexikanischen Bundesstaat Chiapas. Der Fundort befindet sich am Wasserfall El Aguacero, d. h. am Rio Flores, der über den Rio de la Venta mit dem Rio Grijalva in Verbindung steht. Das Wasser war am Fangplatz außerordentlich klar und besaß eine erhebliche Strömungsgeschwindigkeit. Der Untergrund bestand aus feinem bräunlichen Sand, aus dem immer wieder größere Kalksteinformationen herausragten. Das Wasser des Rio Flores ist mittelhart und besitzt eine deutlich alkalische Reaktion. Weitere Fische dieses Fundortes waren *Profundulus labialis,* ein Killifisch, sowie lebendgebärende Zahnkarpfen und Salmler. Die

El Aguacero, Biotop von „Cichlasoma" (Theraps) spec. conf. guttulatum.

Haltung

dieses Buntbarsches hat sich als unproblematisch erwiesen. Auf Dauer werden aber für seine Pflege geräumige Aquarien benötigt, deren Länge bei rund eineinhalb Metern liegt. Auch dieser Buntbarsch braucht zu seinem Wohlbefinden einige höhlenartige Versteckplätze aus großen Steinen und Wurzeln. Eine Bepflanzung ist nur bedingt zu empfehlen. Dem Wasserchemismus braucht bei der Haltung dieser Art keine besondere Aufmerksamkeit geschenkt zu werden. Wichtig ist aber eine gehaltvolle, abwechslungsreiche Ernährung der Tiere, die durch eine regelmäßige Fütterung mit zerschnittenen Krabben und Garnelen sowie See- oder Süßwasserfisch zu gewährleisten ist. Die

Zucht

dieses Buntbarsches ist bis zum Abschluß des Manuskriptes noch nicht gelungen. Er dürfte sich jedoch in seinem Fortpflanzungsverhalten kaum von anderen *Theraps*-Arten unterscheiden, die Offenbrüter sind und die Nachkommen in einer Elternfamilie betreuen und gegen Freßfeinde gemeinsam verteidigen.

Tabelle Nr. 19

Ort:	Wasserfall El Aguacero (Einzugsgebiet des Rio Flores, Chiapas, Mexiko)
Sichtweite:	klar
Farbe:	ohne
pH-Wert:	8,8
Gesamthärte:	9,0° dH
Karbonathärte:	10° dH
Leitfähigkeit:	2800 μS bei 26,5° C
Wassertiefe:	bis 1 m
Wasserbewegung:	starke Strömung
Wassertemperatur:	26,5° C
Lufttemperatur:	30,0° C
Datum:	5. 4. 1983 Uhrzeit 14.00 Uhr

„Cichlasoma“ (Parapetenia) spec. conf. labridens

(Tamasopo)

Der Status des im folgenden vorgestellten mexikanischen Cichliden erscheint zur Zeit aus mehreren Gründen noch ungesichert. Als Typusfundort findet sich für *„Cichlasoma“ labridens* (PELLEGRIN, 1903) die Angabe Huasteca Potosina, Guanajuato, eine Örtlichkeit, deren genaue Lage sich heute leider nicht mehr mit Sicherheit ermitteln läßt. TAYLOR & MILLER (1983) führen unter dem Namen *„C.“ labridens* sowohl den hier behandelten Buntbarsch, der im Rio Aquabuena bei Tamasopo vorkommt, als auch einen Cichliden, der in der Laguna Media Luna bei Rioverde verbreitet ist. Wie unsere Beobachtungen in Mexiko ergaben, bestehen jedoch zwischen diesen beiden Fischen deutliche Unterschiede. Daraus folgt entweder, daß innerhalb der Art *„C.“ labridens* eine erhebliche Variationsbreite besteht oder, und zu dieser Meinung neigen wir, daß unter diesem Namen zur Zeit zwei verschiedene Cichliden geführt werden. Der im folgenden vorgestellte Buntbarsch wurde von uns im Frühjahr 1983 erstmals lebend nach Deutschland eingeführt. Die Fische, die wir im natürlichen Lebensraum beobachteten, hatten eine maximale Länge von rund zwölf Zentimeter.

Fundorte von „Cichlasoma“ (Parapetenia) spec. conf. labridens (Tamasopo)

„Cichlasoma“ (Parapetenia) spec. conf. labridens

Bei neutraler Stimmung zeigen sie auf weißgrauem Untergrund einen sehr unregelmäßigen schwarzen Längsstreifen, der von der Oberlippe in Höhe der unteren Augenhälfte zu einem dunklen Fleck auf dem Schwanzstiel zieht. Dieser Streifen zerfällt meist in eine Längsreihe einzelner Flecken, die in der hinteren Körperhälfte gelegentlich zu ungefähr sieben senkrechten Querstreifen erweitert sind. Während der Brutpflege färben sich der Kopf, die Kehle und die Brust unterhalb des Längsstreifens tiefschwarz. Diese recht scharf begrenzte Farbzone endet in Höhe des Bauchflossenansatzes. Schachbrettartig versetzt zu dieser Zeichnung ist auch der hintere Körper ungefähr vom siebenten Dorsalstachel an oberhalb des Längsbandes schwarz gefärbt. Im wirkungsvollen Kontrast dazu zeigen die obere vordere und die untere hintere Körperregion einen hellen Beigeton. Die Geschlechter sind aufgrund äußerer Merkmale nicht zu unterscheiden, jedoch werden männliche Fische erheblich größer als die Weibchen. Die größten Männchen, die wir im natürlichen Lebensraum beobachteten, waren etwa 12 cm lang. Zu den

arttypischen Merkmalen,

die eine Identifizierung dieses Buntbarsches ermöglichen, zählt insbesondere das schachbrettartig versetzte schwarzweiße Farbmuster während der Brutpflege. Hinzu kommt, daß dieser Cichlide in der Regel 16 Hartstrahlen in der Rückenflosse besitzt. Eine geringere Zahl tritt nur ausnahmsweise einmal auf. Eine in bezug auf die morphometrischen Merkmale sehr

Tabelle Nr. 20

Ort:	Rio Aguabuena bei Tamasopo (San Luis Potosi, Mexiko)
Sichtweite:	5 m
Farbe:	grün
pH-Wert:	9,15
Gesamthärte:	56° dH
Karbonathärte:	9° dH
Leitfähigkeit:	1550 µS bei 28,5° C
Wassertiefe:	bis 3 m
Wasserbewegung:	z. T. starke Strömung
Wassertemperatur:	28° C
Lufttemperatur:	30° C
Datum:	23. 3. 1983 Uhrzeit 17.00 Uhr

ähnliche Art,

die zur Zeit ebenfalls als *„Cichlasoma" labridens* (PELLEGRIN, 1903) angesprochen wird, stammt aus der Laguna Media Luna bei Rioverde. Dieser Cichlide trägt aber eine grüngelbe Grundfärbung, die insbesondere während der Brutpflege sehr farbintensiv wird. Diese Fische besitzen 15 oder 16 Hartstrahlen in der Dorsale, im Ausnahmefall sogar 17. *„C." labridens* wurde von REGAN (1908) der *Cichlasoma*-Sektion *Theraps* zugeordnet, wird aber heute der Sektion *Parapetenia* angegliedert.

Der

natürliche Lebensraum

dieses Buntbarsches ist der Rio Aguabuena im Einzugsgebiet des Rio Panuco. Wir fingen ihn bei den Wasserfällen von Tamasopo im mexikanischen Bundesstaat San Luis Potosi. Der Fundort ist ein typischer Klarwasserfluß, der teilweise mit erheblicher Strömung über einen zumeist steinigen und felsigen Untergrund fließt. Das Wasser war extrem hart und alkalisch. Zur Fortpflanzung suchten die Fische ruhigere Zonen des Gewässers auf, wo der Grund sandig oder schlammig war. In ihrem natürlichen Lebensraum waren sie vergesellschaftet mit *„Cichlasoma" steindachneri,* JORDAN & SNYDER, 1899, einer weiteren, unbestimmten *„Cichlasoma"*-Art aus der Sektion *Herichthys,* einem Schwertträger *(Xiphophorus montezumae),* einem lebendgebärenden Zahnkarpfen *(Poecilia mexicana)* und dem Salmler *Astyanax fasciatus.*

Für die artgemäße

Haltung

dieses Buntbarsches wird ein Aquarium benötigt, das eine Mindestlänge von einem guten Meter haben soll. Seine Einrichtung erfolgt mit feinem, gewaschenem Kies, größeren Steinen, die so angeordnet werden, daß einige Höhlen entstehen, und Moorkienholz. Auch Pflanzen sind als Dekorationsmittel geeignet, da sie von den Fischen nicht beschädigt werden. Als Mitbewohner desselben Aquariums erscheinen vor allem kleinere *„Cichlasoma"* aus Mexiko empfehlenswert. Die Ernährung dieses Cichliden ist völlig unproblematisch, da er alle gängigen Futtermittel, das heißt, auch Flockenfutter, willig annimmt. Die

Zucht

ist bis zum Abschluß des Manuskriptes noch nicht gelungen, dürfte aber aufgrund der Lebensbedingungen in den natürlichen Biotopen nicht schwierig sein. Unsere Unterwasserbeobachtungen in Mexiko ergaben, daß dieser Buntbarsch in Höhlen ablaicht, die er offenbar selbst unter flachen Steinen anlegt. Die Brut wird von beiden Elternfischen betreut und verteidigt.

„Cichlasoma" (Parapetenia) spec. conf. labridens im natürlichen Biotop.

„Cichlasoma“ (Archocentrus) spilurum
(GÜNTHER, 1862)

Dieser mittelamerikanische Buntbarsch aus der Sektion *Archocentrus* wurde in der Erstbeschreibung der Gattung *Heros* zugeordnet. In der Aquaristik sind die Fische seit dem Anfang der 70er Jahre bekannt. Männliche Exemplare können eine Länge von rund 12 Zentimeter erreichen, weibliche Tiere bleiben jedoch erheblich kleiner.

Auf hellgrauem bis taubenblauem Untergrund tragen die Fische zwischen dem Rand des Kiemendeckels und der Schwanzwurzel sieben dunkle Querstreifen. Der große Schwanzwurzelfleck nimmt beinahe die gesamte Höhe des Schwanzstieles ein. Da diese Art nicht nur dimorph, sondern auch dichromatisch ist, lassen sich die Geschlechter ohne Schwierigkeiten unterscheiden.

Fundorte von „Cichlasoma“ (Archocentrus) spilurum

Bei den Männchen tritt mit zunehmendem Alter die Streifenzeichnung mehr und mehr

„Cichlasoma“ (Archocentrus) spilurum, ♀ bei der Brutpflege.

zurück, bis sie schließlich völlig verschwindet. Dafür nehmen der untere Bereich des Kopfes, die Kehle und die Brustregion eine lehmgelbe Färbung an. Ferner wölbt sich ihre Stirn immer weiter nach außen, so daß die obere Profillinie schließlich beinahe senkrecht über dem Maul ansteigt. Im Alter sind bei ihnen die Rücken- und die Afterflosse verlängert und spitz ausgezogen.
Weibliche Fische behalten die Streifenzeichnung, die bei ihnen während der Brutpflege besonders kontrastreich hervortritt. Ferner sind sie an einem schwarzen Fleck in der Rükkenflosse zu erkennen, der oberhalb des dritten Querstreifens im Bereich des neunten bis elften Hartstrahls liegt und den Männchen fehlt. Während der Brutpflege sind der untere Kopf, die Brust und die Bauchregion tiefschwarz gefärbt.

Arttypische Merkmale

bilden das Muster von sieben gleichmäßig ausgebildeten dunklen Querstreifen, bei den Weibchen der Fleck in der Rückenflosse und bei den Männchen die Gelbfärbung von Kopf und Brust. Hinzu kommen der Besitz von 8 bis 10 Hartstrahlen in der Afterflosse. Mehrere sehr

ähnliche Arten

finden sich in der Sektion *Archocentrus*. Beispielsweise besitzt *„Cichlasoma" spinosissimum* (VAILLANT & PELLEGRIN, 1902) ein ähnliches Farbkleid, jedoch fehlt den Männchen die Gelbfärbung. Ferner hat die Art 11-12 Analstacheln. *„C." septemfasciatum* REGAN, 1908 (vgl. S. 99), fehlt ebenfalls die Gelbfärbung im männlichen Geschlecht. *„C." sajica* BUSSING, 1974 (vgl. S. 97), besitzt neben den Quer- auch einen Längsstreifen.

Die

natürlichen Lebensräume

von *„Cichlasoma" spilurum* liegen in Guatemala, Belize und an der Ostgrenze des mexikanischen Bundesstaates Campeche. Als Fundorte sind insbesondere der Belize River, der Rio Motagua sowie die Umgebung der Laguna de Izabal belegt. Die genauen Grenzen der Verbreitung dieser Art sind zur Zeit noch ungeklärt. Weiter östlich gelegene Fundorte, die in der Literatur angegeben werden (Nikaragua, Costa Rica, Panama), beziehen sich auf die Arten *„Cichlasoma" septemfasciatum* REGAN, 1908, und *„C." cutteri* FOWLER, 1932, die einige Autoren als Synonyme von *„C." spilurum* ansehen. Die

„Cichlasoma" (Archocentrus) spilurum ♂

Haltung

dieses Buntbarsches ist auch Anfängern zu empfehlen, da er anspruchslos und sehr anpassungsfähig ist. Hinzu kommt, daß er sich auch in relativ kleinen Aquarien, deren Seitenlänge unter einem Meter liegt, mit Erfolg pflegen läßt. Dem Chemismus des Wassers braucht keine besondere Aufmerksamkeit geschenkt zu werden. Höhlenartige Versteckplätze erhöhen das Wohlbefinden der Tiere. Da sie während der Brutpflege flache Gruben anlegen, sollte Sand oder feinster Kies als Bodengrund verwendet werden. Eine Bepflanzung des Aquariums ist durchaus möglich. In einem derartig eingerichteten Behälter gelingt auch die

Zucht

recht leicht. *„Cichlasoma" spilurum* ist ein Offenbrüter mit einer deutlichen Neigung zum Versteckbrüten, d. h., grundsätzlich laichen die Fische bereitwillig auf flachen Steinen oder ähnlichen Substraten, sie bevorzugen aber möglichst geschützte Örtlichkeiten und benutzen, falls sich die Möglichkeit bietet, auch gern Höhlen. Die Brutpflege erfolgt in einer Vater-Mutter-Familie, das heißt, die Eltern kümmern sich zwar gemeinsam um die Nachkommen, sie nehmen aber verschiedene Aufgaben wahr. Das Männchen pflegt weniger das Gelege und die Larven, sondern sichert die Reviergrenzen. Da die Brutpflege sehr intensiv ist, wachsen auch im Gesellschaftsaquarium einige Jungfische heran, die am besten mit jungen Salinenkrebsen und zerkleinertem Flockenfutter gefüttert werden.

„Cichlasoma“ (Theraps) synspilum

HUBBS, 1935

Ein Synonym für diesen mittelamerikanischen Buntbarsch aus der Sektion *Theraps* ist „Cichlasoma“ hicklingi FOWLER, 1956. Nach Europa wurde er lebend erstmals Ende der 70er Jahre eingeführt. Männliche Fische können gut 30 Zentimeter lang werden.

Ausgefärbte Exemplare zählen zweifellos zu den prächtigsten Cichliden, die wir kennen. Da die Färbung jedoch außerordentlich variabel ist, fällt es schwer, eine verbindliche Beschreibung zu geben. In der Regel ist es nicht schwierig, verschiedene Fische an bestimmten Eigentümlichkeiten ihres Farbkleides individuell zu erkennen und auseinanderzuhalten. Meist zeigt der größte Teil ihres Körpers einen schönen blaugrünen Grundton. Insbesondere in der hinteren Körperhälfte treten jedoch häufig großflächige goldgelbe oder orangefarbene Zonen auf. Oft sind sie mit kleinen schwärzlichen Flecken und Strichen übersät, die bei einzelnen Fischen auch auf die Bauchregion und den Rücken

Fundorte von „Cichlasoma“ (Theraps) synspilum

übergreifen. Die Kehle und die Brust, oftmals aber auch der gesamte Kopf und der Nacken sind kräftig rot gefärbt. Meist tragen aber die Wangen und die Stirn gelbliche bis orange Farbtöne. Bei manchen Fischen ist der

„Cichlasoma“ (Theraps) synspilum

Bereich um das Auge prächtig blaugrün getönt. Auch die Iris glänzt blaugrün. Auf dem hinteren Körper und dem Schwanzstiel liegen ungefähr fünf schwarze Flecken, die jedoch häufig zu einem sehr unregelmäßigen Längsband verschmelzen. Da es zwischen männlichen und weiblichen Tieren keine eindeutigen Unterschiede gibt, läßt sich das Geschlecht aufgrund äußerer Merkmale nicht mit Sicherheit ermitteln. Bei älteren, nahezu ausgewachsenen Männchen entwickelt sich zwar ein für viele Cichliden typischer Buckel auf der Stirn, der ihre obere Profillinie beinahe senkrecht ansteigen läßt, für die aquaristische Praxis ist er aber nur bedingt hilfreich, da er erst sehr spät auftritt. Das wichtigste

arttypische Merkmal,

an dem diese Spezies unschwer zu erkennen ist, bildet ihr Farbkleid. Charakteristisch sind vor allem der rote Kopf und die schwarze Längsbinde oder Längsreihe von Flecken, die auf die hintere Hälfte des Körpers begrenzt ist. Arttypisch ist ferner der Stirnbuckel, der sich im Alter bildet. Zwar gibt es in der Sektion *Theraps* mehrere

ähnliche Arten,

eine Verwechslung erscheint aber dennoch ausgeschlossen, da diesen Cichliden bis auf eine Ausnahme der rote Kopf fehlt. Nur *„Cichlasoma" fenestratum* (GÜNTHER, 1860) besitzt ebenfalls einen rot gefärbten Kopf, zeigt dafür aber ein ganz charakteristisches Muster aus einem schwarzen Längs- und mehreren Querstreifen (vgl. S. 73).

Die

natürlichen Lebensräume

von *„Cichlasoma" synspilum* liegen ausschließlich auf der atlantischen Seite von Mittelamerika. Die Verbreitung erstreckt sich von den mexikanischen Bundesstaaten Tabasco (Rio Usumacinta, Rio Tabasquillo) und Campeche (Rio Champoton) über das nördliche Guatemala nach Belize, dem ehemaligen British Honduras (Belize River, Rio San Pedro). Die von dieser Art besiedelten Gewässer führen weiches bis mittelhartes Wasser, dessen pH-Wert sowohl im leicht sauren als auch im leicht alkalischen Bereich liegen kann. Daraus läßt sich die Vermutung ableiten, daß dieser Buntbarsch recht anpassungsfähig ist, die sich bei seiner

Auch in diesem Pflanzenbiotop leben Cichliden (Laguna Media Luna, Mexiko).

Haltung

im Aquarium auch bestätigt hat. Obwohl erwachsene Fische sehr ruhige Pfleglinge sind, die kein großes Bewegungsbedürfnis erkennen lassen, ist ihre erfolgreiche Pflege infolge ihrer Größe auf Dauer nur in äußerst geräumigen Aquarien möglich, die über eineinhalb Meter lang sind. Versteckmöglichkeiten in Form von großen Steinplatten oder Moorkienwurzeln tragen zum Wohlbefinden der Tiere bei. Eine Bepflanzung des Behälters ist weniger zu empfehlen und kann höchstens mit großen robusten Einzelexemplaren vorgenommen werden. Die Fische benötigen eine gehaltvolle Kost und sollten daher regelmäßig mit Fisch- und Krebsfleisch (Krabben, *Mysis*) gefüttert werden. Rinderherz darf nur gelegentlich verabreicht werden, da bei zu häufiger Verwendung dieses Futters die herrlichen Farben dieses Cichliden verblassen. Die

Zucht

gelingt nicht immer auf Anhieb. Wichtig ist, daß die Fische sich als Partner akzeptieren. Sie sind Offenbrüter, die das Gelege auf Steinen oder Wurzeln anheften. An der Pflege und Verteidigung der Brut sind beide Elterntiere beteiligt. Da größere Weibchen mehrere hundert Eier legen, sollte bei der Aufzucht der Jungfische, die mit zerkleinertem Flockenfutter und den Larven des Salinenkrebses leicht gelingt, besonders darauf geachtet werden, daß die schädlichen Stoffwechselprodukte durch einen regelmäßigen Teilaustausch des Aquariumwassers gegen Frischwasser entfernt werden.

„Cichlasoma“ temporale

(GÜNTHER, 1862)

Dieser Buntbarsch gehört zu den wenigen Arten, die bereits in den 30er Jahren in Deutschland im Aquarium gehalten und gezüchtet wurden. In der Erstbeschreibung erhielt er den Namen *Heros temporalis.* Da er in der Folgezeit aber irrtümlich noch mehrfach als bis dahin unbekannt beschrieben wurde, gibt es als Synonyme die Namen *Heros goeldii* BOULENGER, 1897, *Acara crassa* STEINDACHNER, 1875, und *Cichlasoma hellabrunni* LADIGES, 1942. Seit der Revision der Gattung *Cichlasoma* durch KULLANDER (1983) steht für diese Spezies kein Gattungsname mehr zur Verfügung.

Die Fische können eine Länge von gut 20 cm erreichen. Ihre Körperseiten zeigen meist eine grüngelbe bis grünliche Grundfarbe. Im wirkungsvollen Kontrast dazu tragen die Flossen, der obere und untere Bereich des Kopfes sowie die Kehl- und Brustregion kräftig weinrote Töne. In Ausnahmefällen kann das Rot auch mehr oder weniger auf den gesamten Körper ausgedehnt sein. In der Mitte der Flanken kann ein schwarzer Seitenfleck auftreten, der zwischen den Seitenlinien liegt. Die obere Hälfte des Schwanzstiels trägt einen weiteren schwarzen Fleck. Ein dritter kann gelegentlich zwischen dem Auge und dem Ansatz der

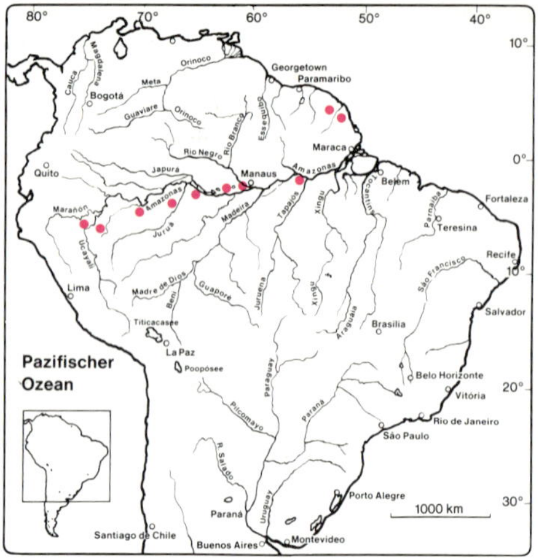

Fundorte von „Cichlasoma“ temporale

„Cichlasoma“ temporale

Brustflossen in Erscheinung treten. Die Ausbildung der schwarzen Zeichnungen hängt jedoch von bestimmten Stimmungen und Erregungszuständen ab. Ein Sexualdimorphismus ist nur andeutungsweise vorhanden: Männliche Tiere zeigen im Alter eine steiler ansteigende Stirn und eine länger ausgezogene Rücken- und Afterflosse. Zu den wichtigsten

arttypischen Merkmalen,

die eine Identifizierung von *„Cichlasoma" temporale* ermöglichen, gehört nach KULLANDER die Zahl der Hartstrahlen in der Afterflosse. In der Regel weist diese Spezies 7–8 Analstacheln auf. Für die aquaristische Praxis ist jedoch die weinrote Färbung des Körpers und der Flossen als Unterscheidungsmerkmal von größerer Bedeutung. Zu den

ähnlichen Arten,

die Anlaß zu Verwechslungen geben könten, zählt insbesondere *„Cichlasoma" coryphaenoides* (HECKEL, 1840). In der wissenschaftlichen Literatur wurden beide Namen wiederholt als Synonyme derselben Art angesehen. *„C." coryphaenoides* besitzt jedoch nur sechs Hartstrahlen in der Anale. Ferner zeigt diese Art keine weinroten, sondern braune bis braunschwarze Farbtöne. Die

natürlichen Lebensräume

von *„C." temporale* liegen im Amazonas- und im Guayanagebiet. Als Fundorte werden in der Literatur der Rio Solimoes zwischen der peruanischen Grenze (Tabatinga) und Manaus sowie der Amazonas bis nach Obidos angegeben. Ferner wurde dieser Buntbarsch im Rio Jutai und im Einzugsgebiet des Rio Oiapok (Rio Counani) in Guayana nachgewiesen. Wir fingen ihn 1984 im Einzugsgebiet des unteren Ucayali (Peru) zusammen mit *Apistogrammoides pucallpaensis* (vgl. Bd. 1, S. 160). Aufgrund dieser Verbreitung scheint *„C." temporale* vorzugsweise in typischem Weißwasser vorzukommen, das weich ist und eine saure Reaktion besitzt. Für die

Haltung

eines harmonierenden halbwüchsigen Pärchens bietet ein Aquarium mit einer Seitenlänge von mindestens einem Meter ausreichend Raum. Bei seiner Einrichtung sollten

Tabelle Nr. 21

Ort:	Nebenfluß des Rio Pacaya südlich des Ortes Bretana im Einzugsbereich des Canal de Puinahua (unterer Ucayali, Depto. Loreto, Peru)
Klarheit:	relativ trüb
Farbe:	bräunlich
pH-Wert:	7,1
Gesamthärte:	4° dH
Karbonathärte:	5° dH
Leitfähigkeit:	127 µS bei 26° C
Wassertiefe:	0,5 bis über 2 m
Wasserbewegung:	kaum wahrnehmbar
Wassertemperatur:	26° C
Lufttemperatur:	26° C
Datum:	3. 8. 1984 Uhrzeit 17.00 Uhr

mit Steinplatten oder Wurzeln mehrere Versteckplätze angelegt werden, da diese zum Wohlbefinden der Fische merklich beitragen. Empfehlenswert sind ferner einige Schwimmpflanzen, denn diese Art scheint gedämpftes Licht zu bevorzugen. Bei greller Beleuchtung wird sie scheu und farblos. Deshalb sollte der Bodengrund auch dunkel getönt sein. *„C." temporale* ist ein ruhiger, relativ friedlicher Pflegling, der sich ohne Schwierigkeiten mit anderen südamerikanischen Cichliden vergesellschaften läßt. Ab einer gewissen Größe benötigt er eine gehaltvolle Kost, so daß eine regelmäßige Fütterung mit Garnelenfleisch und zerschnittenem Fisch notwendig wird.

Die

Zucht

ist nicht ganz einfach. Obwohl sie verschiedentlich in alkalischem, mittelhartem Wasser gelungen ist, bietet saures, mineralarmes Wasser zweifellos günstigere Voraussetzungen, um die Fische zur Fortpflanzung zu bringen. Sie sind Offenbrüter, die während der Brutpflege eine Elternfamilie bilden. Sie laichen nicht am Boden auf waagerechten Unterlagen, sondern bevorzugen senkrechte Substrate. Die Larven, die in Gruben abgelegt werden, schlüpfen bei Temperaturen um 25° Celsius nach rund drei Tagen. Die Aufzucht der Brut mit *Artemia salina* und zerriebenem Flockenfutter ist nicht schwer.

„Cichlasoma“ (Parapetenia) trimaculatum

(GÜNTHER, 1869)

Dieser Cichlide wurde ursprünglich vom Erstbeschreiber in die Gattung *Heros* gestellt. Jüngere Synonyme sind *Cichlasoma mojarra* MEEK, 1904, *C. centrale* MEEK, 1906, *C. gordonsmithi* FOWLER und *C. cajali* ALVAREZ & GUITIERREZ. Die maximale Größe wird in der Literatur mit 35 cm angegeben.

Ausgefärbte Exemplare zeigen eine intensiv rosa bis rötliche Farbzone, die sich über die Kehl- und Brustregion erstreckt und gelegentlich nach oben bis nahe an die Seitenlinie heranreichen kann. Die Iris ist blutrot gefärbt. Der Körper sieht gelbgrün, der Kopf gelblich aus. Im oberen Grund der Schwanzflosse befindet sich ein schwarzer Augenfleck, der einen grünglänzenden Hof besitzt. Besonders auffällig ist ein ebenso gesäumter Schulterfleck, der oberhalb des vorderen Ansatzes der oberen Seitenlinie gelegen ist. Zwei oder drei bedeutend kleinere derartige Flecken können auch unmittelbar neben dem hinteren Augen-

Fundorte von „Cichlasoma“ (Parapetenia) trimaculatum

rand auftreten. Stimmungsbedingt erscheinen auf den Flanken bisweilen sieben dunkle Querbänder. Die fünf hinteren tragen in der Körpermitte je einen tiefschwarzen Fleck.

„Cichlasoma“ (Parapetenia) trimaculatum

Diese Flecken bilden in der hinteren Körperhälfte eine Längsreihe. Da dieser Art ein deutlich ausgebildeter Sexualdimorphismus fehlt, lassen sich die Geschlechter aufgrund äußerer Merkmale nicht mit Sicherheit unterscheiden.

Arttypische Merkmale

dieser Spezies sind die rote Farbzone im Bereich von Kehle und Brust, vor allem aber der schwarze Schulterfleck sowie die kleinen Flecken hinter dem Auge. Sie ermöglichen eine leichte Identifizierung dieses Buntbarsches, so daß eine Verwechslung mit ähnlichen Arten so gut wie ausgeschlossen erscheint. REGAN (1905) ordnete *„C." trimaculatum* der Sektion *Parapetenia* zu.

Die

natürlichen Lebensräume

dieses Buntbarsches liegen auf der pazifischen Seite Mittelamerikas in den mexikanischen Bundesstaaten Oaxaca und Chiapas, in Guatemala und El Salvador. Als Nordgrenze der Verbreitung wird die Laguna de Coyuca bei Acapulco, als Südgrenze der Rio Lempa angegeben. Wir konnten die Fische 1984 in der Landenge von Tehuantepec östlich der Stadt Juchitan nachweisen. Sie lebten dort in einem kleinen, gut einen halben Meter tiefen Flüßchen, das eine beträchtliche Strömung besaß. Sie hielten sich vorwiegend im Schutze der überhängenden Ufervegetation oder zwischen Binsen auf. Das Wasser war relativ trüb, mittelhart und zeigt eine alkalische Reaktion. Es traten dort noch weitere Buntbarsche auf, die aber nicht bestimmt wurden. Bei der

Haltung

dieser recht anpassungsfähigen Art braucht den chemischen Wasserwerten keine besondere Aufmerksamkeit geschenkt zu werden. Probleme könnten sich jedoch aus dem Raumbedarf dieses Cichliden ergeben. Er kann sich nämlich sowohl Artgenossen als auch artfremden Buntbarschen gegenüber recht aggressiv und unverträglich verhalten und sollte deshalb auf Dauer nur in einem Aquarium gehalten werden, das rund eineinhalb Meter lang ist. Um den Fischen die Abgrenzung von Revieren zu erleichtern, empfiehlt es sich, die Bodenfläche so mit Wurzeln und Steinen zu gliedern, daß Sichtblen-

In stark strömenden Gewässern halten sich Cichliden gern in ruhigeren Regionen auf.

den und Versteckplätze entstehen. Eine Vergesellschaftung ist nur mit Arten möglich, die ein ähnliches Durchsetzungsvermögen besitzen und ebenso wehrhaft sind. Größere Exemplare benötigen kräftiges Futter, weshalb sie regelmäßig mit zerschnittenem Fisch gefüttert werden sollten. Unter der Voraussetzung, daß ein harmonierendes Paar vorhanden ist, gelingt die

Zucht

relativ leicht. *„C." trimaculatum* ist ein typischer Offenbrüter, der den Laich meist auf einem flachen Stein deponiert. Sobald die Larven schlüpfen, werden sie in einer Grube abgelegt. An der Brutpflege beteiligen sich das Männchen und das Weibchen mehr oder weniger gleichermaßen. Die Aufzucht der Brut mit zerriebenem Flockenfutter und den Larven des Salinenkrebses bietet keine Schwierigkeiten.

Tabelle Nr. 22

Ort:	Kleiner Fluß zwischen Juchitan und La Ventosa (Oaxaca, Mexiko)
Sichtweite:	relativ trüb
Farbe:	bräunlich
pH-Wert:	7,75
Gesamthärte:	15,0° dH
Karbonathärte:	11,5° dH
Leitfähigkeit:	1150 µS bei 31° C
Wassertiefe:	bis 1,50 m
Wasserbewegung:	rasch fließend
Wassertemperatur:	31° C
Lufttemperatur:	34° C
Datum:	6. 4. 1983 Uhrzeit 11.00 Uhr

„Cichlasoma" (Theraps) tuba

MEEK, 1912

Dieser mittelamerikanische Buntbarsch aus der Sektion *Theraps* wurde bereits im Jahre 1908 durch REGAN als *Tomocichla underwoodi* beschrieben. Heute stimmt man jedoch darin überein, daß kein Anlaß dazu besteht, für diese Spezies eine eigene, besondere Gattung aufzustellen, sondern ordnet sie der *„Cichlasoma"*-Sektion *Theraps* zu (BUSSING, 1975). Da auch der Artname nicht zur Verfügung steht, denn er bezeichnet bereits eine andere Spezies *(Herichthys underwoodi* REGAN, 1908), muß zur Zeit der von MEEK eingeführte Name als gültig angesehen werden. Durch SCHULZ wurde dieser Buntbarsch im Jahre 1980 erstmals nach Europa lebend eingeführt. Die erste erfolgreiche Nachzucht im Aquarium gelang DOST im Jahre 1983. Die Fische können eine Länge von ungefähr 30 Zentimeter erreichen.

Sie sind in der Rückenregion grüngrau, in der Bauchregion gelblich gefärbt. Bis zu acht oder neun sehr unregelmäßige schwarze Querstreifen, die jedoch weder bis zum Rücken

Fundorte von „Cichlasoma" (Theraps) tuba

noch bis zum Bauch reichen, liegen auf den Körperseiten. Im Bereich hinter den Brustflossen tragen einzelne Schuppen einen roten Punkt. Gelegentlich kann sogar der Eindruck eines roten Längsbandes entstehen, das sich

„Cichlasoma" (Theraps) tuba

bis zum Schwanzstiel erstreckt. Auch im hinteren Teil der Rücken- und Afterflosse treten kleine rote Flecken auf. Die Iris ist ebenfalls rot gefärbt. Beide Geschlechter besitzen ein auffälliges, sehr kontrastreiches Brutpflegekleid. Der Gegensatz zwischen dem hellen Untergrund und den schwarzen Zeichnungen tritt dann besonders kräftig auf Kopf und Körper hervor. Bemerkenswert ist insbesondere eine breite schwarze Binde, die sich auf hellem Untergrund wie eine Augenmaske von der Stirn zu den Augen und zur Oberlippe erstreckt.

„Cichlasoma" tuba ist polymorph, denn vor allem an der Westgrenze der Verbreitung besitzt ein Teil der Fische ebenso ungewöhnlich verdickte wulstige Lippen wie manche Malawi- und Tanganjikacichliden sowie *„Cichlasoma" labiatum* (GÜNTHER, 1864) aus Nikaragua (vgl. S. 83). An derselben Örtlichkeit können alle Übergänge von normalen bis zu extrem vergrößerten Lippen auftreten. Diese übermäßige Vergrößerung der Lippen hat nichts mit dem Geschlecht der Fische zu tun. Männchen und Weibchen sind aufgrund äußerer Kennzeichen kaum mit Sicherheit zu unterscheiden. Allerdings entwickelt sich bei älteren männlichen Fischen ein Stirnbuckel.

Arttypische Merkmale,

an denen diese Art zu erkennen ist, bilden die bei adulten Exemplaren gestutzte bis eingebuchtete Schwanzflosse und der Besitz von 14–16 Weichstrahlen in der Dorsale sowie von vier, im Ausnahmefall fünf Hartstrahlen und 10–11 Weichstrahlen in der Anale. Ein weiteres charakteristisches Merkmal ist während der Brutpflege die breite schwarze Augenbinde. Zu den

ähnlichen Arten

zählt insbesondere *„Cichlasoma" sieboldii* (KNER & STEINDACHNER, 1863), eine Spezies, die so viele Parallelen aufweist, daß man beide Cichliden als Geschwisterarten auffaßt, die einmal aus einem gemeinsamen Vorfahren hervorgegangen sind. Jene Art besitzt jedoch eine abgerundete Schwanzflosse, 11–13 Weichstrahlen in der Rückenflosse, fünf, im Ausnahmefall vier Hartstrahlen und 8–9, im Ausnahmefall 10 Weichstrahlen in der Afterflosse. Während der Brutpflege bildet sich keine maskenartige Augenbinde, sondern ein Muster aus zwei schmale Streifen aus, das beide Augen verbinden. Die

natürlichen Lebensräume

von *„C." tuba* liegen auf der atlantischen Seite Mittelamerikas in den Ländern Nikaragua, Costa Rica und Panama. Die Nordgrenze der Verbreitung bildet das Einzugsgebiet des Rio Escondido, die Südostgrenze der Rio Cricamola. Die Heimatgewässer dieses Cichliden führen meist relativ weiches Wasser, das aber im allgemeinen eine deutlich alkalische Reaktion aufweist. Die Fische bewohnen häufig strömungsreiche Wasserläufe. Nach BUSSING (1975) sind sie Pflanzenfresser, die sich hauptsächlich von Algen sowie den Blättern und Früchten der Landvegetation ernähren. Zusätzlich werden Wasserinsekten und Garnelen gefressen. Auch bei mittleren Härtegraden hat sich die

Haltung

und Zucht dieses Buntbarsches als unproblematisch erwiesen. Da er jedoch recht lebhaft ist und ein gewisses Bewegungsbedürfnis zeigt, werden auf Dauer recht geräumige Behälter benötigt, die eine Mindestlänge von ungefähr eineinhalb Meter besitzen sollten. Das Aquarium wird mit großen Steinen, Wurzeln und gewaschenem Kies so eingerichtet, daß verschiedene Versteckplätze und Reviere entstehen. Die Fische lassen sich gut mit anderen mittelamerikanischen Buntbarschen vergesellschaften, die eine ähnliche Größe haben. Um ihre Ernährung möglichst abwechslungsreich zu gestalten, sollten sie regelmäßig mit Fisch- und Krebsfleisch (Shrimps) gefüttert werden. Es empfiehlt sich, sobald *„C." tuba* eine Länge von zehn Zentimetern erreicht hat, auf Pflanzen im Aquarium zu verzichten. Unter der Voraussetzung, daß sich ein harmonierendes Pärchen gefunden hat, ist die

Zucht

relativ einfach. *„C." tuba* zeigt eine deutliche Neigung zum Versteckbrüten. Bei der ersten erfolgreichen Vermehrung im Aquarium legten die Fische den Laich in einer großen Tonröhre ab. Beide Elterntiere beteiligen sich an der Brutpflege und betreuen und verteidigen die Nachkommen gemeinsam. Als erstes Futter für die Fischbrut haben sich die Larven des Salinenkrebses und zerriebenes Flockenfutter bewährt.

„Cichlasoma“ (Parapetenia) urophthalmum
(GÜNTHER, 1862)

Fundorte von „Cichlasoma“ (Parapetenia) urophthalmum

In der Erstbeschreibung wurde diese mittelamerikanische Art aus der Sektion *Parapetenia* ursprünglich der Gattung *Heros* zugeordnet. Ein Synonym ist *Heros troscheli* STEINDACHNER, 1867. Diese Spezies wurde in Deutschland bereits vor dem Ersten Weltkrieg im Aquarium gepflegt, starb dann aber rasch wieder aus und geriet bis zu einer erneuten Einfuhr im Jahre 1980 in Vergessenheit. Die maximale Körperlänge der Fische kann über 20 Zentimeter betragen.
Sie besitzen eine gelbbraune bis graubraune Grundfärbung und tragen auf den Körperseiten zwischen dem Ansatz der Brustflossen und dem Grund der Schwanzflosse sechs dunkle Querstreifen, deren Farbintensität sehr variabel ist. Auf der Schwanzwurzel liegt ein großer blaugrün gesäumter Augenfleck, der fast deren gesamte Höhe einnimmt. Die

„Cichlasoma“ (Parapetenia) urophthalmum

untere Kopfregion und die Kehle können insbesondere bei jüngeren Fischen rötlich gefärbt sein. Auch die Schwanzflosse und die weichstrahligen Bereiche von Rücken- und Afterflosse zeigen meist zarte Rottöne. Da die Geschlechter isomorph sind, lassen sie sich mit Hilfe äußerer Merkmale kaum unterscheiden. Gewisse Anhaltspunkte ergeben sich jedoch daraus, daß ältere Männchen eine kräftiger ausgebildete Beflossung besitzen. Da *„Cichlasoma" urophthalmum* in mehreren geographischen Unterarten auftritt, sind Abweichungen von dem vorstehend beschriebenen Farbkleid durchaus möglich.

Zu den

arttypischen Merkmalen

im Farbkleid dieses Cichliden gehören der große Augenfleck auf der Schwanzwurzel, der beinahe deren gesamte Höhe bedeckt, sowie der Besitz von sechs dunklen Querstreifen. Charakteristisch für diese Art sind ferner 16 (als seltene Ausnahme auch 15 oder 17) Hartstrahlen in der Dorsale und sechs (ganz selten 5 oder 7) Hartstrahlen in der Anale.

Ähnliche Arten

treten in der Sektion *Parapetenia* auf. Anlaß für Verwechslungen könnte aber nur *„Cichlasoma" festae* (BOULENGER, 1899) geben, da jene Spezies ebenfalls rote Farbtöne zeigt (vgl. S. 75). Sie besitzt aber sieben dunkle Querstreifen auf den Flanken und einen kleineren Augenfleck, der in der oberen Hälfte des Schwanzstieles liegt.
„Cichlasoma" urophthalmum hat eine ausgedehnte Verbreitung. Die

natürlichen Lebensräume

liegen in recht unterschiedlichen Gewässern auf der atlantischen Seite von Mittelamerika. Das Vorkommen der Fische reicht vom Einzugsgebiet des Rio Coatzacoalcos im mexikanischen Bundesstaat Veracruz über die Halbinsel Yukatan, Guatemala, Belize und Honduras bis nach Nikaragua. Der Typusfundort ist die Laguna de Peten in Guatemala. HUBBS (1936) unterscheidet insgesamt neun geographische Unterarten, von denen sieben aus Mexiko stammen: *„Cichlasoma" urophthalmum alborum* aus dem Rio Usumacinta (Bundesstaat Tabasco), *„C." u. aguadae* aus der Umgebung von Tuxpena (Campeche), *„C." u. cienagae* aus der Umgebung von Progreso (Yukatan), *„C." u. amarum* von der Isla Mujeres, *„C." u. conchitae* und *„C." u. zebra* aus Gebieten nördlich der Stadt Merida (Yukatan), *„C." u. mayorum* aus der Umgebung von Chichen Itzá (Yukatan), *„C." u. trispilum* aus dem Rio San Pedro (Guatemala) sowie *„C." u. stenozonum* von einem nicht genauer bekannten Fundort. Verschiedentlich wurde dieser Buntbarsch nicht nur im reinen Süß-, sondern auch im Brackwasser nachgewiesen. Das ist ein deutlicher Hinweis darauf, daß er recht robust und anpassungsfähig ist. Bei seiner

Haltung

spielt infolgedessen der Wasserchemismus keine besonders wichtige Rolle. Das Aquarium, in dem die Fische gepflegt werden, sollte über einen Meter lang sein. Es wird mit Steinplatten und größeren Moorkienwurzeln in der Weise eingerichtet, daß Versteckplätze entstehen und die Bodenfläche gegliedert wird, damit die Abgrenzung von Revieren erleichtert ist. Zwar ist dieser Cichlide kein Pflanzenfresser, eine Bepflanzung des Aquariums sollte aber dennoch nur sparsam und mit großen Einzelexemplaren vorgenommen werden. Das dehnungsfähige, tiefgespaltene Maul dieses Buntbarsches ist ein Anzeichen für seine räuberische Lebensweise. Erwachsene Tiere sind unter anderem Fischfresser. Darauf ist bei der Pflege im Aquarium insofern Rücksicht zu nehmen, als man an sie regelmäßig Fischstückchen und Krabbenfleisch verfüttert. Unter der Voraussetzung, daß ein harmonierendes Paar zur Verfügung steht, ist die

Zucht

nicht besonders schwierig. *„Cichlasoma" urophthalmum* ist ein typischer Offenbrüter, der glatte Steine und Wurzeln als Laichsubstrat benutzt. Die Betreuung und Verteidigung der Eier, Larven und Jungfische übernehmen das Weibchen und das Männchen gemeinsam. Die Aufzucht der Fischbrut mit den Larven des Salinenkrebses, zerkleinertem Flokkenfutter und nach ein paar Tagen auch fein ausgesiebten Wasserflöhen ist einfach.

„Cichlasoma" (Theraps) zonatum

MEEK, 1905

Nach MILLER (1966) ist der Name *„Cichlasoma" zonatum* nur ein Synonym, da sich seiner Ansicht nach die Beschreibung von MEEK auf eine Art aus Guatemala bezieht, die bereits von GÜNTHER im Jahre 1864 als *Heros guttulatus* beschrieben wurde. Dieser Meinung haben sich in der Folgezeit auch andere Autoren angeschlossen. Wir benutzen dennoch diesen Namen, da die hier im Foto vorgestellten Fische in der Umgebung des Typusfundorts von *„C." zonatum* gefangen wurden und in mancher Hinsicht von *„C." guttulatum* abweichen. Erstmals nach Europa eingeführt wurden diese Tiere von STAWIKOWSKI & WERNER im Jahre 1983. Die Länge der Fische, die in die Sektion *Theraps* gehören, dürfte bei über 25 Zentimeter liegen.

Fundorte von „Cichlasoma" (Theraps) zonatum

Ausgewachsene Exemplare tragen in der oberen Körperhälfte einen hübschen grüngoldenen Metallglanz. Kehle, Brust und Bauchregion glänzen dagegen bläulich. Auch die Bauchflossen und die Afterflosse zeigen kräf-

„Cichlasoma" (Theraps) zonatum

tig blaue Farbtöne. Der äußere Bereich der Schwanz- und der weiche Teil der Rückenflosse sind dagegen rot gefärbt. Unterhalb des unteren Astes der Seitenlinie erscheint der Körper durch zahlreiche kleine Flecken, die sich zum Teil zu fünf oder sechs Querstreifen verdichten können, schwarz meliert. Jungtiere tragen sowohl sechs oder sieben Quer- als auch einen Längsstreifen. Die Geschlechter sind aufgrund äußerer Merkmale nicht mit Sicherheit zu unterscheiden.

Arttypische Merkmale

im Farbkleid von *„C.“ zonatum* bilden die grüngoldene bis blaue Grundfärbung sowie die weitgehend auf die untere Körperhälfte begrenzten schwarzen Zeichnungen. Wichtig ist ferner, daß es in der Kopfregion kein deutlich ausgebildetes Fleckenmuster gibt. Eine sehr

ähnliche Art

ist *„Cichlasoma“ guttulatum* (GÜNTHER, 1864), deren Typusfundort der See Amatitlan in Guatemala ist. Jene Spezies weist in der Kopfregion ein auffälliges Fleckenmuster auf. Ferner finden sich fünf bis sechs Querstreifen in der oberen Körperhälfte. Die

natürlichen Lebensräume

von *„Cichlasoma“ zonatum* liegen in dem mexikanischen Bundesstaat Oaxaca. Die Verbreitung der Fische scheint jedoch ausschließlich auf Flüsse beschränkt zu sein, die in den Pazifik münden. Der Typusfundort liegt in der Umgebung der Ortschaft Niltepec, die etwa 50 km östlich der Stadt Juchitan gelegen ist. Die natürlichen Biotope dieses Buntbarsches führen relativ weiches Wasser, dessen pH-Wert im allgemeinen in dem Bereich zwischen 6,5 und 7,5 liegt (STAWIKOWSKI, 1983). Die

Haltung

dieses Buntbarsches hat sich als unproblematisch erwiesen. Allerdings benötigt er auf Dauer geräumige Behälter, deren Seitenlänge erheblich über einem Meter liegt. Für die Einrichtung des Aquariums werden gewaschener Kies oder Sand, größere Steine und Wurzeln benötigt. Einige Versteckplätze tragen zum Wohlbefinden der Tiere bei. Eine Bepflanzung ist nur bedingt und unter der Voraussetzung empfehlenswert, daß robuste, widerstandsfähige Gewächse verwendet werden. Infolge ihrer Größe benötigen die Fische eine gehaltvolle Ernährung, die durch die Fütterung mit zerschnittenen Krabben, Garnelen, Süß- oder Seewasserfischen zu gewährleisten ist. Die

Zucht

erfordert keine besonderen Vorkehrungen. *„Cichlasoma“ zonatum* ist ein Offenbrüter, der bevorzugt flache Steine als Laichsubstrat verwendet. Während der Brutpflege bilden die Fische eine Elternfamilie, um die Nachkommen gemeinsam zu betreuen und zu verteidigen. Als erstes Futter für die Jungfische haben sich die Larven des Salinenkrebses und zerkleinertes Flockenfutter bewährt.

Die Gattung Crenicichla

ist bereits im Jahre 1840 von HECKEL beschrieben worden. Zur Zeit enthält sie rund 30 Arten. Ihre Verbreitung erstreckt sich vom nördlichen Südamerika (Ekuador, Kolumbien, Venezuela) bis nach Patagonien (Argentinien). *Crenicichla lacustris* (CASTELNAU, 1855) ist der Buntbarsch, dessen Verbreitung auf dem amerikanischen Kontinent am weitesten nach Süden reicht (KULLANDER, 1981).

Alle Vertreter der Gattung *Crenicichla* sehen sich außerordentlich ähnlich: Sie besitzen ausnahmslos einen langgestreckten, rundlichen, beinahe zigarrenförmigen Körper. Der Unterkiefer steht etwas vor, und die Schwanzflosse ist abgerundet. Die Afterflosse besitzt immer drei Hartstrahlen. Ein wichtiges gattungstypisches Merkmal bildet der feingezähnte Vorkiemendeckel. Die Fische besitzen nur Zähne mit konischer Form. Ein besonders wichtiges Kennzeichen der Bezahnung besteht darin, daß die inneren Zähne niederzudrücken sind, denn dieses Merkmal unterscheidet *Crenicichla* von der sehr nahe verwandten Gattung *Batrachops* HECKEL, 1840, deren Vertreter ebenfalls alle vorstehend aufgeführten Kennzeichen besitzen, jedoch keine niederzudrückenden Zähne haben.

Crenicichla spec.

(Rio Chinipo)

Die abgebildeten Fische wurden von uns im Juni 1983 gefangen und beobachtet. KULLANDER (briefl. Mitt.) untersuchte sie und kam zu dem Ergebnis, daß sie einer noch unbeschriebenen Art angehören. Konserviertes Material wurde unter der Nummer A83/1983254.3052 im *Naturhistoriska Riksmuseet* in Stockholm deponiert. Beobachtungen im natürlichen Lebensraum zeigten, daß diese Art über 25 Zentimeter lang werden kann.

Bei halbwüchsigen Exemplaren sieht die Rükkenregion gelbbraun, die Bauchregion eher weißlich aus. Von der Oberlippe zieht in Augenhöhe ein dunkler Längsstreifen bis zum Grund der Schwanzflosse, häufig aber auch bis zum hinteren Rand der Caudale. Zwischen dem Rand des Kiemendeckels und dem Ansatz der Schwanzflosse liegen etwa zwölf dunkle Querstreifen auf den Flanken. Zum Teil sind sie gegabelt oder als Doppelstreifen angelegt. In der oberen Hälfte des Schwanzflossengrundes liegt ein goldgelb gesäumter Augenfleck. Die Caudale trägt vier

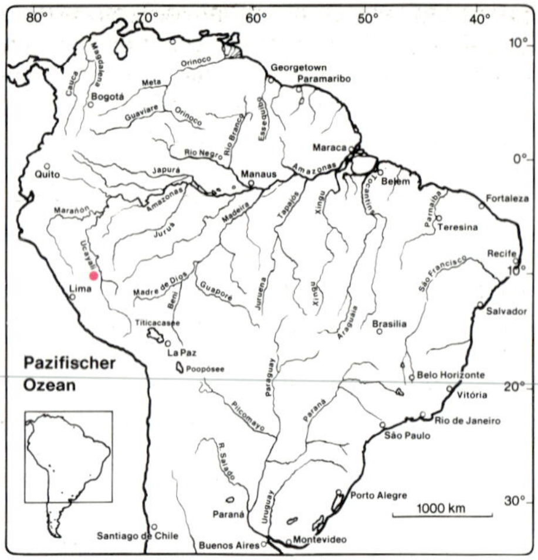

Fundorte von Crenicichla spec. (Rio Chinipo)

oder fünf senkrechte Streifen. Die Rückenflosse zeigt zart braunrote Töne und einen schmalen orangeroten Saum. Bei adulten Fischen gehen diese Rottöne verloren. Bei ihnen zeigen die unpaaren Flossen eine gelbgrüne Färbung. Ihre Iris ist blutrot getönt. Der

Crenicichla spec. (Rio Chinipo): Jungtier

Längsstreifen auf ihren Flanken erscheint in ungefähr zwölf unregelmäßigen Flecken aufgelöst. Männliche und weibliche Fische sind isomorph und infolgedessen schwer zu unterscheiden. Alte Männchen besitzen eine kräftigere Beflossung. Insbesondere sind After- und Rückenflosse bei ihnen spitz ausgezogen und verlängert. Der

natürliche Lebensraum

dieser *Crenicichla*-Art liegt im Einzugsbereich des oberen Ucayali in Peru. Wir fotografierten und fingen sie im Rio Chinipo, einem kleinen Klarwasserfluß. Wasseranalysen am Fundort ergaben eine geringe Härte und einen pH-Wert im deutlich alkalischen Bereich. Das Flußbett war überwiegend felsig und steinig, denn die Strömungsgeschwindigkeit dieses Gewässers war erheblich. Unterwasserbeobachtungen zeigten, daß erwachsene Exemplare sich durchaus in Bereichen mit heftiger Strömung aufhielten. Brutpflegende Tiere bewohnten jedoch strömungsarme Buchten und Seitenarme. Halbwüchsige Jungtiere fanden sich vor allem im extremen Flachwasserbereich von Restwassertümpeln, wo sie sich zwischen Fallaub und Holz versteckt hielten und auf Beute lauerten. Weitere Fische dieses Biotops waren die Buntbarsche *Cichlasoma amazonarum* (vgl. S. 52), *Aequidens spec.* (S. 35), Saugwelse aus der Gattung *Chaetostoma*, Salmler aus den Gattungen *Phenacogaster, Bryconamericus, Hemigrammus, Characidium* und *Astyanax* sowie ein Süßwasserrochen. Bei der

Haltung

im Aquarium sollten diese Beobachtungen zur Lebensweise, die auch auf viele andere *Crenicichla*-Arten übertragbar sind, beachtet werden. Infolge ihrer Größe sind diese Cichliden auf Dauer nur in einem Behälter zu pflegen, dessen Länge erheblich über einem Meter liegt. Höhlenartige Versteckplätze zwischen größeren Steinen und Wurzeln tragen wesentlich zum Wohlbefinden der Fische bei und sind auch eine Voraussetzung für Zuchtversuche. Wasserpflanzen können durchaus zur Dekoration verwendet werden, da diese Raubfische keine Pflanzenfresser sind. Sie sind recht robust und durchsetzungsfähig, weshalb sie nur mit Buntbarschen zu vergesellschaften sind, die ein ähnliches Temperament haben. Erwachsene Fische ernähren

Crenicichla spec. (Rio Chinipo) im natürlichen Lebensraum bei der Brutpflege.

sich im natürlichen Lebensraum vermutlich überwiegend von anderen Fischen. Man sollte sie deshalb im Aquarium regelmäßig mit zerschnittenem Fisch und Krebsfleisch von Krabben und Garnelen füttern. Bei dieser Art, deren Heimatgewässer keinen extremen Wasserchemismus aufweist, dürfte die

Zucht

nicht schwer sein. Beobachtungen in dem natürlichen Lebensraum ergaben, daß dieser Cichlide ebenso wie andere *Crenicichla*-Arten zwischen Steinen und Wurzeln in höhlenartigen Verstecken ablaicht. Beide Elternfische beteiligen sich an der Brutpflege. Wie das

Tabelle Nr. 23

Ort:	Rio Chinipo (Klarwasserfluß) ca. 10 km südlich von Chicosa (Peru, Depto. Junin)
Sichtweite:	3 m
Farbe:	grünlich
pH-Wert:	7,9
Gesamthärte:	4° dH
Karbonathärte:	4° dH
Leitfähigkeit:	116 µS bei 26° C
Wassertiefe:	bis 2 m
Wasserbewegung:	starke Strömung
Wassertemperatur:	26° C
Lufttemperatur:	30° C
Datum:	23. 6. 1983 Uhrzeit 11.00 Uhr

Unterwasserfoto gut dokumentiert, stehen sie immer in unmittelbarer Nähe des Jungfischschwarmes, um ihn zu führen und zu verteidigen. Da ausgewachsene *Crenicichla* sehr große Gelege produzieren, muß bei der Aufzucht der zahlreichen Jungtiere darauf geachtet werden, daß die in entsprechender Menge anfallenden schädlichen Stoffwechselprodukte durch einen regelmäßigen Teilaustausch des Wassers aus dem Aquarium entfernt werden.

Die Gattung Geophagus

wurde von HECKEL im Jahre 1840 beschrieben. Ihre Verbreitung erstreckt sich von der südöstlichen Grenze Brasiliens bis nach Mittelamerika, in das zentrale Panama. Seit ihrer Revision durch GOSSE (1975) umfaßt sie zehn Arten. Da jedoch in der Aquaristik weitere, offenbar unbeschriebene Formen bekannt sind, dürfte sich diese Zahl demnächst erhöhen.

Ein charakteristisches Merkmal der Mitglieder dieser Gattung besteht darin, daß sie am oberen Ende des ersten Kiemenbogens einen fleischigen Fortsatz besitzen, der an seinem freien Rand und nicht an seinem Grund Kiemenrechen trägt. Ferner verläuft die obere Seitenlinie zumeist wenigstens zweieinhalb Schuppen vom Grund der Rückenflosse entfernt. Schließlich ist das Skelett der Dorsale nur mit einem Supraneurale, einem besonderen Knochen in ihrem vorderen Bereich, ausgestattet. Die Gattung enthält Offenbrüter sowie larvophile und ovophile Maulbrüter, d. h., bei einigen Arten werden erst die Larven, bei anderen bereits die Eier im Maul gepflegt.

Wegen der extremen Wasserstandsschwankungen baut man in Amazonien oft schwimmende Häuser.

Geophagus brasiliensis
(QUOY & GAIMARD, 1824)

Diese Art zählt zu den am längsten bekannten Buntbarschen, denn sie wurde bereits vor über 150 Jahren als *Chromis*-Art beschrieben. Es gibt eine ganze Reihe von Synonymen, zu denen *Chromys unipunctata, Ch. unimaculata* und *Ch. obscura* CASTELNAU, 1855, ferner *Acara gymnopoma* GÜNTHER, 1862, sowie *A. minuta* HENSEL, 1870, gehören. Auch in der Aquaristik ist die Art schon seit Anfang dieses Jahrhunderts bekannt.

Dieser Buntbarsch kann eine Länge von knapp 30 cm erreichen. Er fällt vor allem durch seine herrlich grüngolden glänzenden Schuppen und die blaugrünen Glanzflecken und -linien in den Flossen auf. Etwa in der Körpermitte trägt er unmittelbar unter der oberen Seitenlinie einen schwarzen Flankenfleck. Die Iris ist golden gefärbt. Ein Sexualdimorphismus, der die Unterscheidung der Geschlechter erleichtern würde, fehlt weitgehend. Erst im Alter bekommen die Männchen eine kräftigere Stirn sowie eine länger ausgezogene Rücken- und Afterflosse.

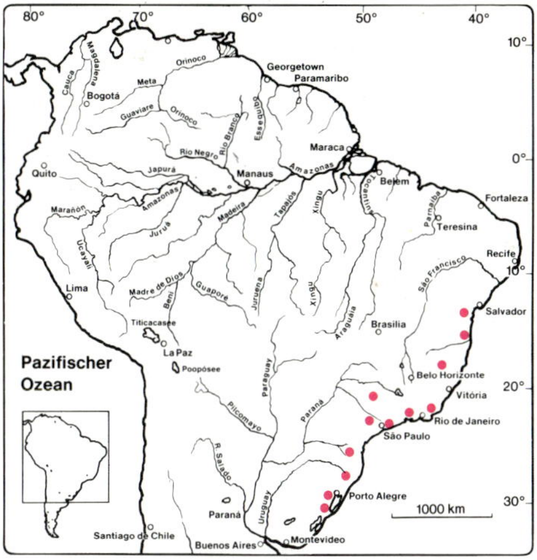

Fundorte von *Geophagus brasiliensis*

Geophagus brasiliensis

In Peru war dieses Indianermädchen beim Fischen eine tüchtige Helferin.

Arttypische Merkmale,
die eine Bestimmung ermöglichen, sind die geringe Zahl von nur 8–12 Kiemenrechen, die diese Art auf dem unteren Teil des ersten Kiemenbogens besitzt, sowie die Zahl von 15–16 Schuppen, die um den Schwanzstiel gezählt werden. Für die aquaristische Praxis ist das typische Farbkleid wichtiger, vor allem die Eigenheit, daß diese Spezies im Alter mit Ausnahme des Seitenflecks keine weiteren schwarzen Zeichnungen besitzt. Zu den farblich

ähnlichen Arten
zählen weniger die anderen *Geophagus,* sondern einige Cichliden aus der *„Aequidens"*-Verwandtschaft, die aber eine andere Maulform und ein anderes Profil besitzen. Ähnlichkeiten im Farbkleid besitzt unter anderem *„Ae." rivulatus* (vgl. S. 31). Jene Art ist an dem weiß gesäumten hinteren Rand der Schwanzflosse zu erkennen.

Die
natürlichen Lebensräume
von *G. brasiliensis* liegen im südöstlichen Brasilien. Die Verbreitung ist im Vergleich zu anderen südamerikanischen Cichliden nicht allzu groß, denn die Fundorte liegen ausschließlich im küstennahen Bereich zwischen der Stadt Salvador und dem Grenzgebiet zu Uruguay. Bei der

Haltung
dieses Cichliden treten im allgemeinen keine Probleme auf, denn er ist widerstandsfähig und kann sich unterschiedlichen Pflegebedingungen gut anpassen. Deshalb braucht auch den chemischen Merkmalen des Wassers keine besondere Aufmerksamkeit geschenkt zu werden. Die erfolgreiche Haltung ist jedoch auf Dauer nur in einem geräumigen Aquarium von gut einem Meter Länge möglich, da die Fische im Laufe der Zeit recht groß werden. Der Bodengrund sollte aus Sand oder feinstem Kies bestehen, denn ebenso wie die übrigen Vertreter der Gattung liebt es auch diese Art, im Boden nach Nahrung zu suchen. Zur Beckeneinrichtung sollten Versteckplätze aus Moorkienwurzeln oder Steinplatten gehören, da diese zum Wohlbefinden der Fische beitragen. Eine Bepflanzung ist nur möglich, wenn große, robuste Einzelexemplare verwendet werden, denn erfahrungsgemäß werden zarte Gewächse häufig von den Fischen beschädigt. *G, brasiliensis* frißt alle gängigen Futtermittel, so daß es auch in dieser Hinsicht keine Probleme gibt. Ab einer Länge von rund zwölf Zentimeter benötigen die Tiere jedoch eine gehaltvolle Kost, weshalb ihnen regelmäßig zerschnittenes Fisch- und Garnelenfleisch angeboten werden sollte. Das ist besonders wichtig, wenn sie Laich ansetzen sollen, weil man die

Zucht
versuchen möchte. Bei einem harmonierenden Paar, das sich am besten selbst in einer Gruppe von Jungfischen gefunden hat, ist sie nicht schwierig. *G. brasiliensis* ist ein Offenbrüter und zieht die Brut in einer Elternfamilie auf. Sobald die Jungtiere frei schwimmen, füttert man sie mit den frischgeschlüpften Larven des Salinenkrebses.

Geophagus daemon

HECKEL, 1840

zählt zu den selten gepflegten Großcichliden, da diese Art nur gelegentlich importiert wird und im Aquarium noch nicht zur Fortpflanzung gebracht werden konnte. Ein Synonym für diese Spezies ist *Satanoperca daemon* GÜNTHER, 1862. KULLANDER (1983) ist der Auffassung, daß man diesen Cichliden aus der Gattung *Geophagus* herausnehmen und wieder den Namen *Satanoperca* verwenden sollte. Die Art kann bis zu 30 cm lang werden.

Wichtige Kennzeichen ihres Farbkleides sind schwarze Flankenflecken, von denen einer ungefähr in der Körpermitte und der andere in der hinteren Körperhälfte, in dem Bereich zwischen dem weichen Teil der Dorsale und der Anale liegt, sowie ein golden gesäumter Schwanzwurzelfleck, der sich in der oberen Hälfte des Grundes der Caudale befindet. Über die Flanken erstrecken sich etwa acht Längsreihen grüngoldener Glanzflecken. Die untere Hälfte der Schwanz- sowie Teile der Afterflosse und der Bauchflossen sind braunrot bis orangerot gefärbt. Typisch für diese Art

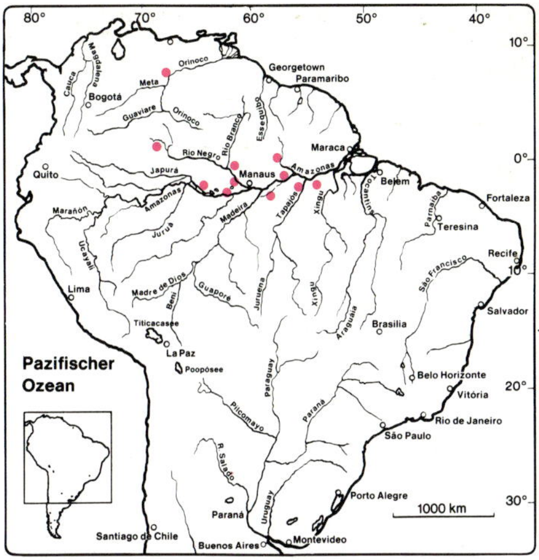

Fundorte von Geophagus daemon

sind die extrem verlängerten Bauchflossen und die fädig ausgezogenen ersten drei oder vier Weichstrahlen der Rückenflosse. *G. daemon* ist isomorph, d. h., ein deutlicher Sexualdimorphismus, der die Unterscheidung der Geschlechter erleichtern würde,

Geophagus daemon

fehlt. Zu den

arttypischen Merkmalen

zählen der langgestreckte Körper, die fädige Verlängerung der Bauchflossen und der ersten Weichstrahlen der Dorsale sowie die drei schwarzen Flecken auf den Körperseiten. Ein Bestimmungsmerkmal bildet auch die relativ hohe Zahl von 18–22 Kiemenrechen. Eine Verwechslung mit anderen Cichliden ist wenig wahrscheinlich, da es kaum

ähnliche Arten

gibt. *Acarichthys heckelii* besitzt dieselbe Verlängerung der ersten Weichstrahlen in der Dorsale, ist jedoch deutlich hochrückiger und besitzt keinen Schwanzwurzelfleck.
Geophagus acuticeps HECKEL, 1840, trägt neben dem Schwanzwurzelfleck noch drei weitere Flankenflecken auf den Körperseiten. Sowohl in der Aquaristik als auch aus den wissenschaftlichen Sammlungen ist ein Cichlide bekannt, der *G. daemon* in jeder Hinsicht sehr ähnelt, dem aber der Flankenfleck in der hinteren Körperhälfte fehlt. Ferner liegt der Fleck in der Körpermitte nicht wie bei *G. daemon* zwischen den beiden Seitenlinien, sondern über der oberen Seitenlinie. Wahrscheinlich handelt es sich bei diesen Fischen, die nach KULLANDER (briefl. Mitt.) im unteren Rio Negro und im Rio Trombetas vorkommen, um

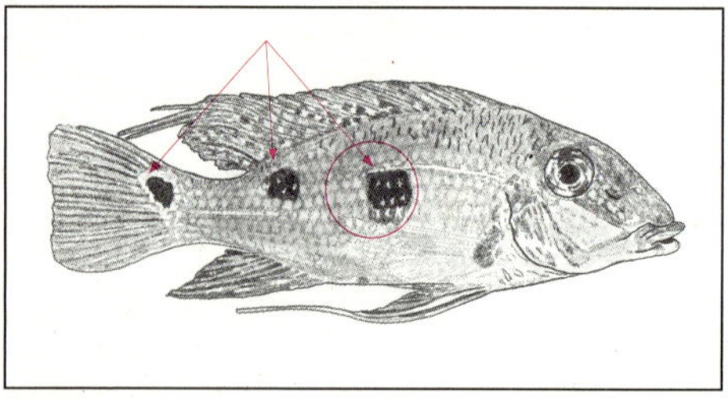

Geophagus daemon

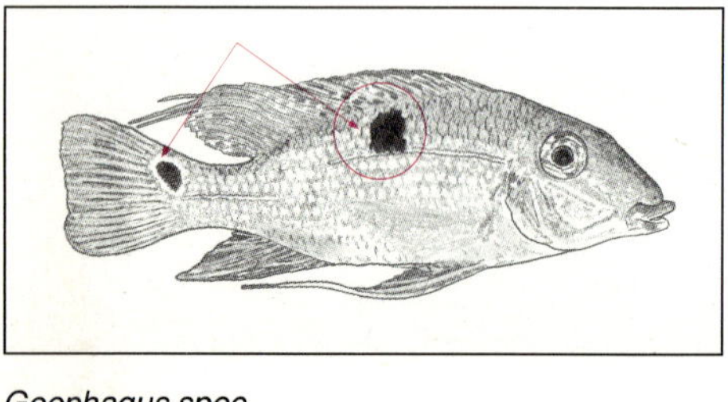

Geophagus spec.

eine noch unbeschriebene Art.

Die

natürlichen Lebensräume

von *G. daemon* umfassen Schwarz- und Weißwasserflüsse, die sich durch eine extreme Armut an gelösten Mineralien und eine zumeist stark saure Reaktion auszeichnen. Die Verbreitung erstreckt sich über die Flüsse Orinoko, Rio Negro, Rio Solimoes und den unteren Amazonas. Hieraus ergibt sich für die

Haltung

dieses Cichliden, daß er nach Möglichkeit in weichem Wasser, dessen pH-Wert erheblich unter dem Wert 7 liegt, gepflegt werden sollte. Wegen seiner Endgröße kommt langfristig nur ein Aquarium in Frage, dessen Seitenlänge deutlich über einem Meter liegt. Einige Versteckmöglichkeiten in Form von Moorkienwurzeln, Steinaufbauten oder Pflanzengruppen tragen ebenso wie eine eher gedämpfte Beleuchtung zum Wohlbefinden dieser ruhigen, gelegentlich auch etwas scheuen Fische bei. Als Mitbewohner des Aquariums erscheinen andere Geophaginen am besten geeignet. Wichtig ist, daß nicht Kies, sondern Sand als Bodengrund verwendet wird, denn zu den angeborenen Verhaltensweisen von *G. daemon* gehört bei der Nahrungssuche das Durchkauen des Bodens. Bedauerlicherweise scheinen die Tiere sehr anfällig für die Lochkrankheit zu sein. Die

Zucht

dieses Buntbarsches ist noch nicht im Aquarium gelungen. Informationen über sein Brutpflegeverhalten liegen deshalb nicht vor. Die günstigsten Voraussetzungen, um die Fische erfolgreich zur Fortpflanzung zu bewegen, dürften in nitratfreiem, mineralarmem, saurem Wasser bestehen. Möglicherweise sind sie ebenso wie der Diskusfisch, der dieselben Gewässer bewohnt, derartigen Umweltbedingungen in extremer Weise angepaßt und kommen bei anderen Wasserverhältnissen nur schwer oder überhaupt nicht in Fortpflanzungsbereitschaft.

Geophagus steindachneri

EIGENMANN & HILDEBRAND, 1910

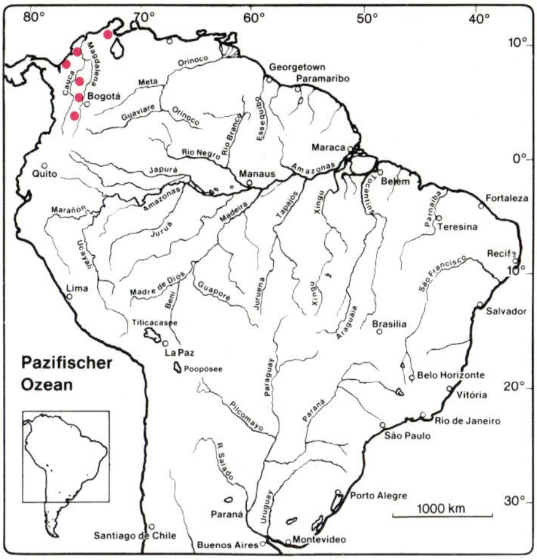

Fundorte von Geophagus steindachneri

Über die Identität dieses Cichliden gab es längere Zeit widersprüchliche Ansichten, da als Synonyme auch noch die Namen *G. hondae* REGAN, 1912, und *G. magdalenae* BRIND, 1943, verfügbar waren und Unsicherheit darüber bestand, welche Bezeichnung nach den Nomenklaturregeln als gültig anzusehen sei. Für eine Klärung dieser Probleme sorgten schließlich GOSSE & KULLANDER im Jahre 1981.

Die maximale Körperlänge männlicher Exemplare kann deutlich über 15 cm liegen, obwohl die Fische im allgemeinen kleiner bleiben. Auf einem grauen oder gelblichen Braun tragen vor allem die Schuppen in der hinteren Körperhälfte grüne Glanzpunkte. Über die Flanken ziehen oft unregelmäßige dunkle Bänder und Streifen. Das auffälligste Merkmal adulter Männchen ist ein kräftig ausgebildeter Buckel in der Stirn- und Nackenregion, der weinrot gefärbt ist. Bei der Anwesenheit weiterer Männchen in demselben Aquarium hängt dessen Größe von der Stellung ab, die der betreffende Fisch innerhalb der Rangordnung hat. Weiblichen Exemplaren, die deutlich kleiner bleiben, fehlt dieser Buckel. Das wichtigste unter den

arttypischen Merkmalen,

die eine Identifizierung dieses Buntbarsches

Geophagus steindachneri ♂

Weißwasserbiotop am mittleren Ucayali bei Pucallpa (Peru).

ermöglichen, bildet der vorstehend beschriebene Stirnbuckel. Da dieses Gebilde bei keinem anderen südamerikanischen Cichliden noch einmal auftritt, ist eine Verwechslung mit ähnlichen Arten praktisch ausgeschlossen.

Die
natürlichen Lebensräume
von *G. steindachneri* liegen ausschließlich im nordöstlichen Südamerika innerhalb der Staatsgrenzen von Kolumbien. Die bisher bekannt gewordenen Fundorte sind im Einzugsgebiet der Flüsse Magdalena, Sinú, Canda und Limón gelegen.
Solange die Fische nicht voll ausgewachsen sind, genügt für ihre

Haltung
ein Aquarium mit einer Seitenlänge von einem knappen Meter. Es wird mit Sand oder feinstem Kies, größeren Steinen und Moorkienwurzeln eingerichtet. Einige dichtere Pflanzengruppen, welche die Bodenfläche gliedern und die Abgrenzung von Revieren erleichtern, können als zusätzliche Dekorationsmittel verwendet werden. Dem Wasserchemismus braucht keine besondere Aufmerksamkeit geschenkt zu werden, da *G. steindachneri* ein anpassungsfähiger und robuster Pflegling ist. Eine Vergesellschaftung mit anderen Geophaginen oder Vertretern der Gattung *Aequidens,* die eine vergleichbare Körpergröße besitzen, ist bei einem entsprechend geräumigen Aquarium gut möglich. Die

Zucht
dieses Buntbarsches ist nicht schwierig, denn er pflanzt sich unter den verschiedensten Hälterungsbedingungen willig fort. Unter den amerikanischen Cichliden nimmt er insofern eine Sonderstellung ein, als er nach bisherigem Wissen der einzige ist, der zu den spezialisierten Maulbrütern gehört, die ihre Brut in einer Mutterfamilie aufziehen, eine Form der Brutpflege, die vor allem bei ostafrikanischen Buntbarschen häufig ist. Bei diesen Fischen gibt es keine feste Bindung zwischen Männchen und Weibchen. Die Fortpflanzungspartner finden sich nur zum Laichen zusammen und trennen sich unmittelbar nach der Paarung wieder. Infolgedessen sollte man möglichst ein Männchen und mehrere Weibchen zusammen halten, denn ein einzelner weiblicher Fisch würde durch das mehr oder weniger ständig sexuell aktive Männchen zu stark bedrängt werden. Manche Verhaltensweisen während das Ablaichens sprechen dafür, daß der braunrote Fleck im Mundwinkel der Männchen im Dienste der innerartlichen Kommunikation steht und während der Laichabgabe als Schlüsselreiz für das Weibchen wirkt.

Geophagus surinamensis

(BLOCH, 1791)

wurde in der Erstbeschreibung unter dem Gattungsnamen *Sparus* vorgestellt. Synonyme sind *Geophagus altifrons* HECKEL, 1840, *G. megasema* HECKEL, 1840, und *Chromys proxima* CASTELNAU, 1855.
Die maximale Körperlänge der Fische liegt bei gut 25 cm. Wesentliche Elemente ihres Farbkleides sind ein großer rundlicher Seitenfleck ungefähr in der Körpermitte, neun bis zehn Längsreihen grüngoldener Glanzflecken, die mit einem senkrechten schwarzen Querstreifen versehene blutrote Iris sowie die zumeist weinrot getönten Flossen, die blaugrüne Glanzstreifen tragen. Ein deutlicher Sexualdimorphismus, der die Unterscheidung von männlichen und weiblichen Fischen ermöglichen würde, fehlt. Zu den

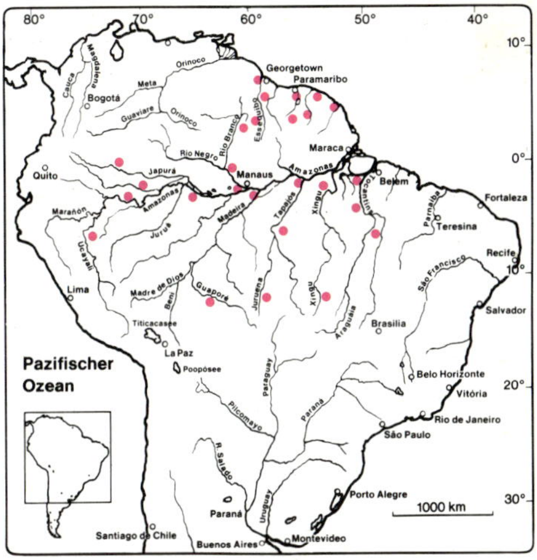

Fundorte von Geophagus surinamensis

arttypischen Merkmalen

zählen der Besitz von nur 11–14 Kiemenrechen, die relativ hohe Zahl von 16–19 Hartstrahlen in der Dorsale, und daß um den Schwanzstiel mindestens 17 Schuppen gezählt werden. Für die aquaristische Praxis ist wichtig, daß es nur einen Flankenfleck gibt, der ungefähr in der Körpermitte liegt, und daß ein Schwanzwurzelfleck fehlt.

Ähnliche Arten

In der Aquarienliteratur (u. a. WERNER,

Geophagus surinamensis

1984) wurden mehrere verschiedene Farbformen von *G. surinamensis* beschrieben, die sich bemerkenswerterweise zum Teil auch in ihrem Brutpflegeverhalten grundlegend unterscheiden. Dieser Befund deutet darauf hin, daß es sich um mindestens zwei verschiedene Arten handelt und nicht nur um geographische Farbrassen. Ein Erkennungs-

Trotz zweckmäßiger Ausrüstung kann der Fang von Cichliden im Amazonasurwald zu einer anstrengenden Tätigkeit werden.

merkmal der larvophilen Form ist ein kleiner schwarzer Strich im unteren Winkel des Vorkiemendeckels. Dieser fehlt bei der ovophilen Art, die dafür auf dem Kiemendeckel sowie in der Kehl- und Brustregion kräftige Orangetöne besitzt. Im Hinblick auf dieses bisher ungelöste Problem ergeben sich interessante Hypothesen, wenn man sich die Angaben über die

natürlichen Lebensräume

von *G. surinamensis* genauer ansieht. Der Typusfundort dieser Spezies liegt in Surinam, d. h. in einem der Guayana-Länder. Fundorte in dieser Region sind die Einzugsgebiete von Essequibo, Demerara, Maroni, Camopi, Oyapock und Approuague. Andererseits soll diese Art aber auch im Amazonasgebiet eine weite Verbreitung besitzen (Solimoes, Ucayali, Guaporé, Japura, Rio Negro, Tapajos, Xingu). Bemerkenswert erscheint, daß GOSSE (1975) zwischen dem Material aus Guayana und den Fischen aus dem Amazonasbecken recht signifikante Unterschiede nachweisen konnte. In diesem Zusammenhang ist wichtig, daß die Beschreibung von *G. altifrons* HECKEL, 1840, heute als jüngeres Synonym eingestuft, auf Fischmaterial aus dem Rio Negro beruht. Leider ist die genaue Herkunft der verschiedenen Aquarienformen nicht bekannt. Es würde jedoch nicht überraschen, wenn die beiden Arten mit unterschiedlicher Brutpflege eine allopatrische Verbreitung hätten, d. h., wenn die eine Spezies aus der Guayana-Region und die andere aus dem Amazonasbecken stammen würde.

Haltung

Langfristig ist die Pflege dieses Buntbarsches nur in einem Behälter möglich, der eine Mindestlänge von knapp eineinhalb Meter hat. Das Aquarium wird mit großen Steinen, Moorkienwurzeln und robusten Einzelpflanzen dekoriert. Da es zu den angeborenen Verhaltensweisen dieser Art gehört, daß sie im Boden nach Futter sucht, sollte er nicht aus Kies, sondern aus Sand bestehen. Dieser Cichlide ist relativ ruhig und friedlich und kann deshalb nur mit Arten vergesellschaftet werden, die ein ähnliches Temperament haben, beispielsweise anderen Geophaginen. Trotz seines großen Maules ist er zu den Kleinbrokkenfressern zu rechnen. Infolge seiner Größe benötigt er kräftige Kost in Form von zerschnittenem Süßwasser- oder Meeresfisch und Garnelen. Obwohl er aus weichen, sauren Gewässern stammt, ist seine

Zucht

wiederholt auch in mittelhartem, leicht alkalischem Wasser geglückt. Als Laichsubstrat werden flache Steine bevorzugt, auf denen nach längerem Putzen nach Art der Offenbrüter die Eier abgelegt werden. Wie bereits vorstehend angedeutet wurde, gibt es eine ovophile Form, bei der das Weibchen den in mehreren Schüben abgegebenen Laich sofort nach der Befruchtung in das Maul nimmt und dann die Brut dort bis zum Ende der Larvenzeit offenbar allein pflegt. Die larvophile Form deckt das Gelege dagegen häufig mit einer dünnen Sandschicht ab und beginnt mit der Maulbrutpflege erst, sobald die Larven aus den Eiern schlüpfen. Je nach Temperatur geschieht das nach knapp zwei bis drei Tagen, denn höhere Temperaturen beschleunigen, niedrige verlangsamen die Entwicklung. Die Maulbrutpflege wird von den Elternfischen wechselseitig oder gleichzeitig durchgeführt. Die Aufzucht der Brut ist nicht schwer.

Die Gattung Gymnogeophagus

wurde von RIBEIRO im Jahre 1918 geschaffen. Ihre Verbreitung ist auf den östlichen Teil des zentralen Südamerikas beschränkt, d. h., sie ist nicht im Amazonasgebiet vertreten. Nachdem *Gymnogeophagus labiatus* (HENSEL, 1870) durch KULLANDER (1981) den Status einer eigenständigen Art zurückerhalten hat, umfaßt diese Gattung fünf Arten, unter denen es sowohl Offen- als auch Maulbrüter gibt. Sie ist recht nahe mit *Biotodoma* und vor allem mit *Geophagus* verwandt. Von beiden unterscheidet sie sich durch Einzelheiten im Aufbau des Skeletts der Rückenflosse: Ein Supraneurale (besonderer Knochen im vorderen Rückenflossenskelett) fehlt, dafür gibt es als Besonderheit vor dem Anfang der Dorsale einen feststehenden, nach vorn gerichteten Dorn, der sich bei keiner anderen Gattung findet.

50

Gymnogeophagus balzanii
(PERUGIA, 1891)

Synonyme für diese Spezies sind *Geophagus duodecimspinosus* BOULENGER, 1895, und *Gymnogeophagus cyanopterus* RIBEIRO, 1918.
Die maximale Länge der Fische dürfte bei gut 15 cm liegen. Weibliche Exemplare bleiben jedoch beträchtlich kleiner. Wichtige Merkmale im Farbkleid dieser Art bilden ein schwarzer Augenstreifen, ein dunkler Seitenfleck, der unterhalb der oberen Seitenlinie, ungefähr in der Körpermitte, liegt, sowie neun bis zehn dunkle Querstreifen, die als Doppelbänder erscheinen, häufig aber nur schwach angedeutet sind. Die Geschlechter sind leicht zu unterscheiden, da es einen krassen Sexualdimorphismus gibt. Alte Männchen bekommen einen unförmigen, ballonartig ver-

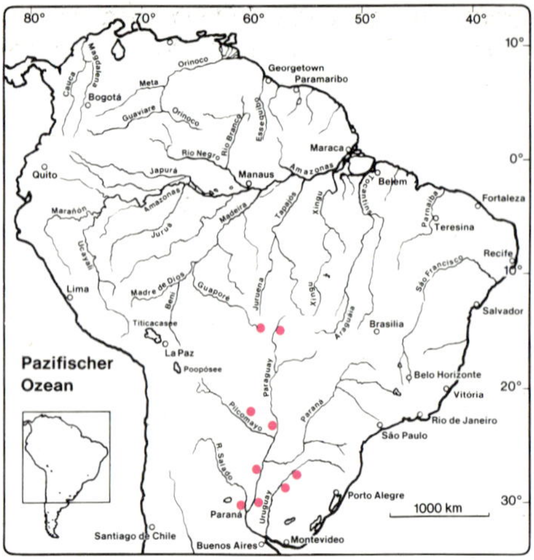

Fundorte von Gymnogeophagus balzanii

Gymnogeophagus balzanii ♀

größerten Kopf und eine lang ausgezogene After- und Rückenflosse. Darüber hinaus tragen sie weit mehr und größere grüne Glanzflecken auf dem Kiemendeckel und im vorderen Bereich der Flanken. Weibliche Tiere zeigen dafür in der unteren Kopf-, Kehl- und Brustregion kräftige orangegelbe Farbtöne. Zu den

arttypischen Merkmalen

zählen die in Form von Doppelstreifen angelegten Querbänder auf den Flanken, die unverwechselbare Kopfform der Männchen und der Besitz der vergleichsweise hohen Zahl von 12–15 Weichstrahlen in der Rükkenflosse. Die Gefahr einer Verwechslung mit anderen Cichliden ist nicht groß, da es kaum

ähnliche Arten

gibt. Die einzige *Gymnogeophagus*-Art, die auf den Flanken ebenfalls Doppelstreifen besitzt, ist *G. australis* (EIGENMANN, 1907). Sie hat jedoch nur 9–11 Weichstrahlen in der Afterflosse.

Der

natürliche Lebensraum

dieses Cichliden erstreckt sich über das nordöstliche Argentinien, Teile von Uruguay und Paraguay sowie über das südöstliche Brasilien. Fundorte sind für die Einzugsgebiete von Rio Paraguay, Parana, Rio Uruguay und das Quellgebiet des Guaporé belegt. Genauere Angaben über die ökologischen Bedingungen, die in den von *G. balzanii* bewohnten Gewässern herrschen, liegen bisher nicht vor. Derartige Informationen sind jedoch für eine erfolgreiche

Haltung

nicht unbedingt erforderlich, da dieser Cichlide recht anpassungsfähig ist und keine besonderen Ansprüche an die chemische Zusammensetzung des Wassers stellt. Auf Dauer läßt er sich erfolgreich nur in einem Aquarium pflegen, dessen Seitenlänge deutlich über einem Meter liegt. Für seine Einrichtung werden Sand oder feinster Kies sowie größere Steine und Moorkienwurzeln benötigt, mit denen einige Versteckplätze geschaffen werden. Als zusätzliches Dekorationsmittel können einige größere und robuste Einzelpflanzen, z. B. *Echinodorus,* verwendet werden. Die Fische sind relativ friedlich und lassen sich deshalb gut mit anderen Geophaginen oder *Aequidens*-Arten zusammen pflegen. Auf eine ausreichende und gehaltvolle Ernährung in Form von zerschnittenem Fisch oder Garnelenfleisch sollte geachtet werden. Sie ist die Voraussetzung für die

Zucht,

die nicht besonders schwer ist und auch in mittelhartem bis hartem Wasser gelingt, dessen pH-Wert im alkalischen Bereich liegt. *G. balzanii* ist ein larvophiler Maulbrüter, der seine Nachkommen in einer Mutterfamilie aufzieht. Das Gelege verbleibt auf dem Laichsubstrat, bis die Larven zu schlüpfen beginnen. Erst dann werden sie vom Mutterfisch in das Maul genommen und dort gepflegt. Das Männchen beteiligt sich nicht an der Aufzucht der Brut.

Die Gattung Heros,

die von HECKEL im Jahre 1840 aufgestellt wurde, war ursprünglich sehr umfangreich, denn sie enthielt die Mehrzahl der südamerikanischen Buntbarsche, die später aus Prioritätsgründen der Gattung *Cichlasoma* zugeordnet wurden. Nach der Überarbeitung und drastischen Verkleinerung der Gattung *Cichlasoma* durch KULLANDER (1983) hat der Name *Heros,* der von REGAN (1905) zur Kennzeichnung einer *Cichlasoma*-Sektion verwendet wurde, als Bezeichnung für eine Gattung erneut Gültigkeit erlangt. Sie enthält nur eine einzige Art, die in näherer verwandtschaftlicher Beziehung zur Gattung *Symphysodon* zu stehen scheint. Einen ähnlich hohen, seitlich stark abgeflachten Körper sowie vergleichbare Besonderheiten in der Anatomie des Hinterkörpers und in der Ausdehnung der Schwimmblase weisen aber auch die Vertreter der Gattungen *Pterophyllum* und *Mesonauta* auf.

Heros severus

HECKEL, 1840

Für diesen Buntbarsch gibt es eine ungewöhnlich hohe Zahl von Synonymen, unter anderem *H. coryphaeus, H. efasciatus, H. modestus* und *H. spurius* HECKEL, 1840, *Marus centrarchoides* COPE, 1872, *Chromys appendiculata* und *Ch. fasciata* CASTELNAU, 1855. Das hängt offenbar damit zusammen, daß diese Art eine ungewöhnlich weite Verbreitung hat und daß innerhalb des von ihr besiedelten Areals verschiedene Standortvarianten entstanden sind, die sich in einzelnen Merkmalen, unter anderem auch in der Färbung, deutlich unterscheiden. Unter den Cichliden gehört *H. severus* zu den ältesten Aquarienfischen, denn er wurde bereits vor dem Ersten Weltkrieg in Deutschland gepflegt.

Da er über 25 cm lang werden kann, zählt er in seiner Heimat zu den beliebtesten Speisefischen, die regelmäßig auf Fischmärkten angeboten werden. Indianer fangen ihn häufig, indem sie den schlafenden Fisch mit Hilfe einer Taschenlampe ausfindig machen und dann speeren.

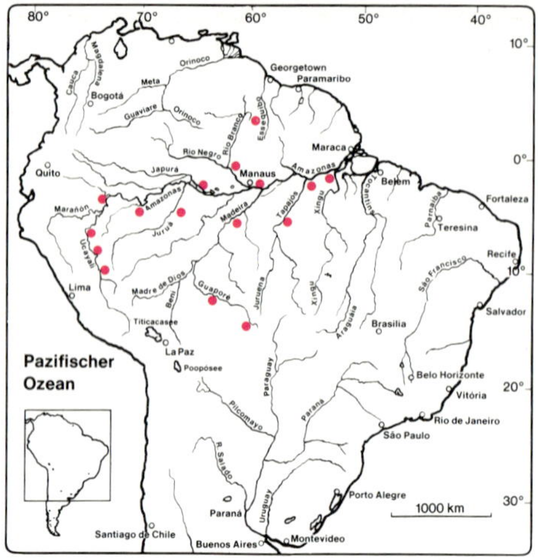

Fundorte von Heros severus

Das Farbkleid ist in Abhängigkeit vom Fundort sehr variabel. Zu seinen wichtigsten Merkmalen zählen je ein rundlicher schwarzer Fleck am Grund des weichen Teiles der After- und Rückenflosse. Häufig sind beide durch einen

Heros severus aus Peru

tiefschwarzen Querstreifen miteinander verbunden. Stimmungsbedingt können noch fünf bis sechs weitere Querstreifen auf den Körperseiten auftreten, die jedoch meist nur angedeutet sind. Fische aus dem mittleren und oberen Ucayali (Peru) tragen in der unteren Hälfte der Flanken fünf schwarze senkrechte Streifen. Typisch für sie ist ferner, daß die Bauchflossen und zum Teil auch die Brust- und Bauchregion orangerot gefärbt sind. Exemplaren aus dem Rio Negro (Brasilien) fehlen diese Merkmale. Sie zeigen dagegen auf dem Kopf und den Körperseiten ein sehr auffälliges Muster rotbrauner Flecken und wurmförmiger Linien. Die Grundfärbung kann alle Zwischentöne zwischen Grün und Braungelb zeigen. Eine im Aquarium herausgezüchtete teilalbinotische Form zeigt ein kräftiges Orangegelb, auf dem rote Punkt- und Strichzeichnungen liegen. *H. severus* ist isomorph, so daß es keine verläßlichen äußeren Geschlechtsunterschiede gibt, die zur Bestimmung männlicher und weiblicher Fische verwendet werden könnten.

Arttypische Merkmale

sind der hohe, scheibenförmige Körper und je ein dunkler Fleck, der sich im Grund des weichstrahligen Bereiches sowohl der Rükken- als auch der Afterflosse befindet. Für bestimmte Farbrassen gilt, daß sie Querstreifen nur in der unteren Körperhälfte tragen oder daß sie ein Muster rotbrauner Punkt- und Strichzeichnungen auf Kopf und Körper zeigen. Zu den

ähnlichen Arten,

die Anlaß für Verwechslungen geben könnten, gehören im Grunde nur die Vertreter der Gattung *Symphysodon* (vgl. S. 154). Die Fische besitzen aber einen noch stärker rundlichen und scheibenförmigen Körper. Ferner ist bei ihnen der hintere, weiche Teil von After- und Rückenflosse nicht deutlich zugespitzt, sondern eher abgerundet.

Die
natürlichen Lebensräume

dieses Cichliden sind weit über das tropische Südamerika verstreut. In der Literatur sind Fundorte für den Ucayali (Peru), Guaporé (Bolivien), den Rio Solimoes, bzw. Amazonas (Brasilien) sowie für die meisten ihrer Nebenflüsse, unter anderem für den Rio Negro,

Heros severus aus dem Rio Negro (Brasilien)

belegt. Auch für das Guayana-Gebiet gibt es Nachweise. Innerhalb dieses riesigen Areals kommen die Fische in den unterschiedlichsten Gewässern vor. Wir konnten sie sowohl im typischen Schwarzwasser des Rio Negro, das extrem weich und sauer ist, als auch in Weißwasserflüssen im Einzugsgebiet des Ucayali fangen, wo mittlere Härtegrade und ein pH-Wert im leicht alkalischen Bereich gemessen wurden. Die Fische scheinen sich bevorzugt im Schutz von Schwimmpflanzen oder von Astwerk aufzuhalten, das ins Wasser gefallen ist.
In Anbetracht der Größe, die dieser Buntbarsch erreichen kann, ist die

Haltung

auf Dauer nur in sehr geräumigen Aquarien möglich, die eine Seitenlänge zwischen einem und eineinhalb Meter besitzen. Für das Wohlbefinden der Fische sind Versteckplätze wichtig. Eine Bepflanzung ist nur mit Einschränkung zu empfehlen, da die Tiere zarte

Tabelle Nr. 24

Ort:	Rio Shahuaya, Einzugsgebiet des oberen Ucayali (Peru)
Sichtweite:	2 m
Farbe:	grünlich
pH-Wert:	7,5
Gesamthärte:	10° dH
Karbonathärte:	11° dH
Leitfähigkeit:	315 μS bei 27° C
Wassertiefe:	bis 1,50 m
Wasserbewegung:	leichte Strömung
Wassertemperatur:	27° C
Lufttemperatur:	28° C
Datum:	14. 7. 1981 Uhrzeit 11.00 Uhr

Gewächse beschädigen. Halbwüchsige, unverpaarte Exemplare sind Artgenossen gegenüber häufig recht unverträglich, wenn das Raumangebot zu knapp bemessen ist. Eine Vergesellschaftung mit anderen Arten ist aber gut möglich. Die Fische sind robust und anpassungsfähig, benötigen aber eine gehaltvolle Nahrung. Selbst bei der

Zucht

muß den chemischen Wasserwerten keine besondere Aufmerksamkeit gewidmet werden. Das gilt besonders für Exemplare aus dem Ucayali. *Heros severus* ist ein typischer Offenbrüter, der die Nachkommen in einer Elternfamilie aufzieht.

Die Gattung Herotilapia

wurde im Jahre 1903 von dem französischen Ichthyologen PELLEGRIN beschrieben. Sie ist monotypisch, d. h., sie besteht nur aus einer einzigen Spezies, deren Verbreitung auf Mittelamerika beschränkt ist. Nähere verwandtschaftliche Beziehungen bestehen offenbar zu den Arten der „*Cichlasoma*"-Sektion *Archocentrus*, von denen sie sich durch eine andere Form der Zähne unterscheidet.

In vielen amerikanischen Cichlidenbiotopen finden die Fische Schutz zwischen Wasserhyazinthen.

Herotilapia multispinosa

(GÜNTHER, 1869)

In der Erstbeschreibung wurde dieser Buntbarsch in die Gattung *Heros* eingeordnet. Vorübergehend wurde er auch als *Cichlasoma*-Art in der Literatur geführt. Als Aquarienfisch ist er erstmals im Jahre 1971 nach Europa eingeführt worden. Seine maximale Länge im Aquarium dürfte bei gut 12 cm liegen.
Das Farbkleid dieses Cichliden ist so variabel, daß er den Populärnamen Regenbogenbuntbarsch erhalten hat. Die Grundfarbe zeigt alle Übergänge von einem schmutzigen Braun zu einem leuchtenden Goldgelb, das fortpflanzungsaktive Tiere aufweisen. In den Flossen können bläuliche Töne erscheinen. Auch die Muster dunkler Zeichnungen, die sich ganz bestimmten Erregungszuständen und Verhaltensweisen zuordnen lassen, sind außerordentlich veränderlich. Neben etwa acht Querstreifen kann auch ein Längsband auftreten, das in der hinteren Körperhälfte meist in eine Reihe von sechs oder sieben Flecken aufgelöst ist. Bei mehr oder weniger neutraler

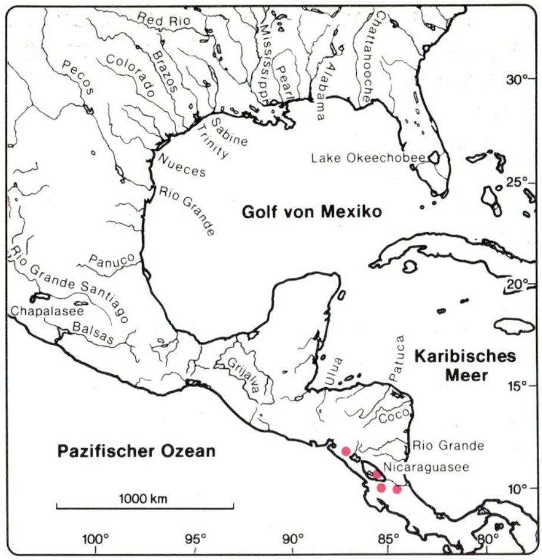

Fundorte von Herotilapia multispinosa

Grundstimmung sind ein großer Seitenfleck in der Mitte der Flanken und der kleine Schwanzwurzelfleck die einzigen schwarzen Muster. Während der Brutpflege färben sich

Herotilapia multispinosa

Cichlidenbiotop mit üppigem Pflanzenwuchs in Mexiko (Rio Pablillo).

dagegen die gesamte untere Körperhälfte und die Bauchflossen tiefschwarz. Ausgewachsene Exemplare zeigen einen gewissen Sexualdimorphismus, der im allgemeinen die Unterscheidung der Geschlechter ermöglicht. Die deutlich größeren Männchen bekommen meist die Andeutung eines Stirnbuckels. Ferner sind bei ihnen die After- und die Rückenflosse stärker verlängert und zugespitzt.

Arttypische Merkmale,

die *Herotilapia multispinosa* von allen anderen amerikanischen Buntbarschen unterscheiden und deshalb eine zweifelsfreie Identifizierung dieser Spezies ermöglichen, sind der Besitz von elf Hartstrahlen in der Anale und mehrere Reihen schneidezahnähnlicher, zusammengedrückter dreispitziger Zähne in beiden Kiefern. Im Habitus

ähnliche Arten

finden sich in der *„Cichlasoma“*-Sektion *Archocentrus,* beispielsweise *„C.“ nigrofasciatum* und *„C.“ spilurum* (vgl. S. 108). Jedoch ist eine Verwechslung weitgehend auszuschließen, da jene Arten ganz andere Farbkleider besitzen.

Die
natürlichen Lebensräume

liegen in Mittelamerika, und zwar erstreckt sich die Verbreitung auf den Nikaragua- und den Managuasee sowie den Rio San Juan in Nikaragua sowie Flüsse auf der atlantischen Seite von Costa Rica, insbesondere die Einzugsgebiete von Rio Bebedero, Rio Tempisque und Rio Frio. Detaillierte Informationen über die natürlichen Biotope in Costa Rica gibt BAYLIS (1974). Demnach lebt *H. multispinosa* zwar auch in Pflanzenzonen größerer Gewässer, sein bevorzugter Lebensraum scheinen jedoch Restwassertümpel in deren Umgebung zu sein, die zum Teil eine Temperatur von 34° Celsius aufwiesen und nur 25 cm tief waren. Schutz fanden die Fische durch eine Schwimmpflanzendecke aus *Azolla mexicana* und eine submerse Wasserpflanze aus der Gattung *Heteranthera.* Sie teilten diesen Lebensraum mit *„Cichlasoma“ centrarchus, „C.“ managuense, Poecilia mexicana* und mehreren Salmlern. Obwohl *H. multispinosa* ein Allesfresser ist, ernährt er sich, wie Magenuntersuchungen ergaben, in der Natur vorwiegend von Algen, die er überwiegend als Aufwuchsfresser von festen Unterlagen abweidet.

Die
Haltung

der sehr anpassungsfähigen Fische ist leicht. Ein Aquarium mit einer Länge von rund einem Meter bietet ausreichend Raum. Es wird mit Kies und Steinen so eingerichtet, daß eine Anzahl von Versteckplätzen entsteht. Auf empfindliche Pflanzen muß verzichtet werden, da die Fische sie zerstören würden. Für eine Vergesellschaftung sind die kleineren mittelamerikanischen *„Cichlasoma“* am besten geeignet. Die

Zucht

gelingt ohne Schwierigkeiten unter den unterschiedlichsten Bedingungen. Ausgewachsene Tiere können über 1000 Eier legen, die ebenso wie später die Jungfische in einer Vater-Mutter-Familie betreut werden, d. h., zwischen den Geschlechtern gibt es eine deutliche Rollenverteilung während der Brutpflege.

Die Gattung Hoplarchus

wurde durch KAUP im Jahre 1860 begründet. Ihr einziger Vertreter ist *H. psittacus,* eine Art, die zwischenzeitlich der Gattung *Cichlasoma* zugeordnet wurde. Als Folge der Überarbeitung und Verkleinerung der Gattung *Cichlasoma* durch KULLANDER (1983) hat der alte Gattungsname erneut Gültigkeit erlangt.

Hoplarchus psittacus

(HECKEL, 1840)

Ursprünglich in der Erstbeschreibung der Gattung *Heros* zugeordnet, wurde diese Spezies zeitweilig auch als *Acara*- (STEINDACHNER) und *Cichlasoma*-Art (REGAN) geführt. Synonyme sind *Promotis fasciatus* SCHOMBURGK, 1843, und *Hoplarchus penthacanthus* KAUP, 1860.

Mit einer maximalen Länge von über 30 cm gehört dieser Buntbarsch in seiner Heimat zu den beliebtesten Speisefischen und ist deshalb regelmäßig auf Fischmärkten zu finden. Seine schwarzen Zeichnungen sind unter dem Einfluß unterschiedlicher Erregungszustände außerordentlich variabel. Neben sechs breiten Querbändern kann auf den Körperseiten auch ein relativ schmaler Längsstreifen auftreten, der jedoch meist in eine Längsreihe von einzelnen Flecken zerfällt. Ständig sichtbar ist der Schwanzwurzelfleck, der unmittelbar über der Seitenlinie liegt. Je ein weiterer dunkler Fleck liegt am hinteren unteren Rand des Auges und im oberen Winkel des Kiemendeckels. Die Iris ist auffallend rot gefärbt. Adulte Tiere können auch eine kräftig rote Kehlhaut besitzen. Die Art ist isomorph, d. h., ein Sexualdimorphismus, der die

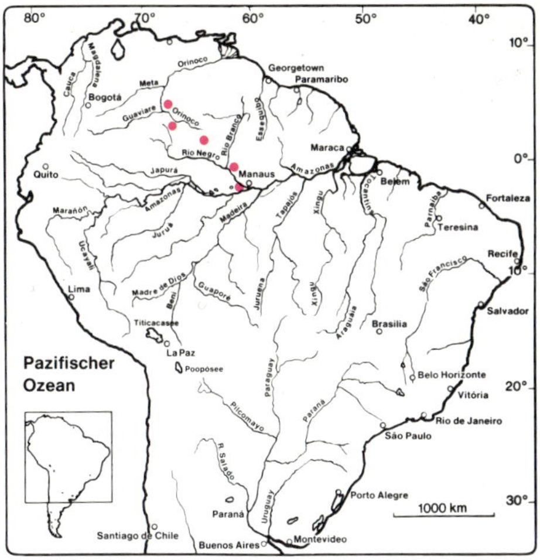

Fundorte von Hoplarchus psittacus

Hoplarchus psittacus

Hoplarchus psittacus gehört in seiner Heimat zu den Speisefischen.

Unterscheidung der Geschlechter erleichtern würde, fehlt.

Arttypische Merkmale,
die eine Identifizierung dieses Cichliden ermöglichen, sind die einem Papageienschnabel ähnliche Form des Maules bzw. Kopfes, eine Einkerbung, die sich am hinteren Rand des Vorkiemendeckels, nicht weit entfernt von dessen Winkel, befindet, die beiden schwarzen Flecken am hinteren unteren Augenrand und im oberen Winkel des Kiemendeckels sowie der Besitz von fünf, seltener sechs Hartstrahlen in der Anale. Eine Verwechslung mit anderen Buntbarschen ist wenig wahrscheinlich, da es kaum ähnliche Arten gibt.

Die
natürlichen Lebensräume
dieses Buntbarsches sind in den Einzugsgebieten des Rio Negro und des oberen Orinoko gelegen, insbesondere im Grenzgebiet der drei Staaten Brasilien, Venezuela und Kolumbien. Diese Verbreitung ist ein deutlicher Hinweis darauf, daß *H. psittacus* ein Bewohner typischer Schwarzgewässer ist, die sich durch extreme Mineralarmut und eine stark saure Reaktion auszeichnen. Dennoch ist die

Haltung
dieser Fische auch in mittelhartem Wasser, dessen pH-Wert über dem Wert 7 liegt, durchaus ohne Probleme möglich. Infolge ihrer Endgröße werden für sie langfristig sehr große Aquarien benötigt, deren Seitenlänge eineinhalb Meter betragen sollte. Zum Wohlbefinden der Tiere tragen Versteckplätze bei, die mit Hilfe großer Wurzeln oder Steinplatten geschaffen werden. *H. psittacus* ist ein ruhiger, friedlicher Pflegling, der im Vergleich zu seiner Größe nur wenig Raum beansprucht. Eine ausreichende Ernährung ist durch die regelmäßige Fütterung mit Garnelen- und Fischfleisch möglich, das in passende Stücke zerschnitten, nach einer gewissen Gewöhnungszeit gern angenommen wird. Offenbar mögen die Tiere keine grelle Beleuchtung, sondern bevorzugen gedämpftes Licht.

Die
Zucht
ist bisher, da entsprechende Berichte fehlen, offenbar nur ganz selten gelungen. Dafür gibt es mehrere Gründe. Einerseits werden die Fische nur selten importiert und andererseits werden sie recht groß. Da die Geschlechter äußerlich nicht mit Sicherheit zu unterscheiden sind, ist es schwer, Zuchtpaare zusammenzustellen. Hinzu kommt, daß dieser Buntbarsch offenbar wie die Diskusfische aus der Gattung *Symphysodon*, mit denen er seinen Lebensraum teilt, relativ stark auf die Wasserverhältnisse in seinen natürlichen Biotopen angewiesen ist. Für Zuchtversuche empfiehlt es sich daher, möglichst weiches Wasser zu benutzen, dessen pH-Wert im sauren Bereich liegt und das möglichst keine Stickstoffverbindungen enthält. Da alle näher verwandten Cichliden typische Offenbrüter sind, die während der Brutpflege eine Elternfamilie bilden, ist zu erwarten, daß auch *Hoplarchus psittacus* diese Verhaltensweisen zeigt.

Die Gattung Mesonauta,

die von GÜNTHER im Jahre 1862 aufgestellt wurde, ist monotypisch, d. h., sie enthält nur eine Art. REGAN (1905) löste die Gattung auf und ordnete ihren einzigen Vertreter der Gattung *Cichlasoma* zu. KULLANDER (1983) machte diesen Schritt aber wieder rückgängig. Für *Mesonauta* typisch ist die unverwechselbare Form des Körpers, der zwischen dem Kopf und dem hinteren Teil der Rückenflosse stetig an Höhe zunimmt. Ferner liegen die Bauchflossen im Unterschied zu anderen Buntbarschen vor und nicht hinter dem Anfang der Dorsale. Auch das Brutpflegeverhalten unterscheidet diese Gattung von der Mehrzahl anderer amerikanischer Buntbarsche.

Mesonauta festivus

(HECKEL, 1840)

wurde ursprünglich als *Heros festivus* beschrieben. Jüngere Synonyme sind *Heros insignis* HECKEL, 1840, und *Chromys acora* CASTELNAU, 1855. Von anderen Autoren wurde dieser Cichlide auch als *Astronotus*-(EIGENMANN) oder *Uaru*-Art (COPE) angesprochen. Seine maximale Länge liegt bei 15 cm.

Die wichtigsten Merkmale im Farbkleid dieser Art bilden ein schwarzes Längsband, das von der Oberlippe oder vom hinteren Rand des Auges schräg nach oben in den weichen Bereich der Rückenflosse zieht, und ein golden gesäumter Augenfleck in der oberen Hälfte des Schwanzstiels. Die Iris adulter Fische sieht blutrot aus. Sonst zeigen sie im allgemeinen keine weiteren Farben. Bei Tieren, die wir im Rio Negro fingen, war die Kehl- und Brustregion gelb getönt. Eine besonders hübsche Standortvariante unbekannter Herkunft zeigt auf dem Kiemendeckel rosaviolette Glanzzonen. Ein deutlich ausgebildeter Sexu-

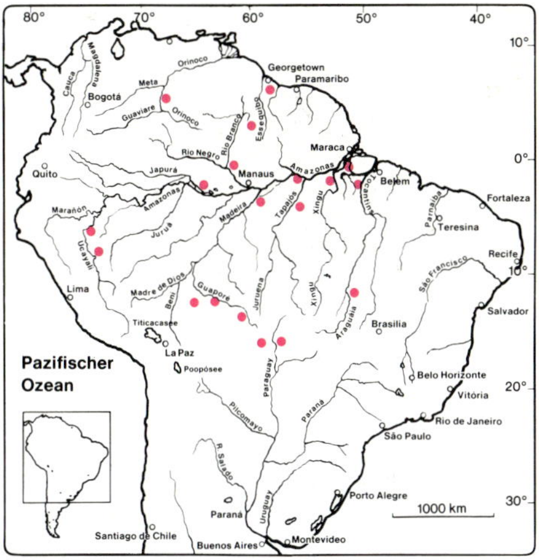

Fundorte von Mesonauta festivus

aldimorphismus, der die Unterscheidung der Geschlechter ermöglichen würde, fehlt. Alte Männchen werden jedoch bulliger und besitzen eine kräftigere Beflossung.

Mesonauta festivus

Arttypische Merkmale

von *Mesonauta festivus* sind das schräg nach oben verlaufende schwarze Längsband und die unverwechselbare Form des Körpers, der bis zum Anfang des weichen Teiles der Rükkenflosse stetig an Höhe zunimmt, sowie die extreme Verlängerung der Bauchflossen. Eine Verwechslung mit anderen Buntbarschen ist weitgehend auszuschließen, da es keine ähnlichen Arten gibt.
Da diese Art eine sehr ausgedehnte Verbreitung hat, zählen zu ihren

natürlichen Lebensräumen

Gewässer mit recht unterschiedlichen Eigenschaften. Wir haben die Fische im extremen Schwarzwasser des Rio Negro, das sehr mineralarm und sauer ist, und im typischen Weißwasser von Nebenflüssen des Ucayali gefangen, die bereits als mittelhart einzustufen sind und einen pH-Wert im deutlich alkalischen Bereich besitzen. In der Literatur sind ferner Fundorte in Venezuela (Orinoko), Bolivien (Guaporé), Paraguay, in den Guayana-Ländern (Demerara, Rupununi) sowie in beinahe allen Teilen des brasilianischen Amazonasbecken belegt. In den natürlichen Biotopen ist *M. festivus* vielfach die häufigste Cichlidenart. Im Unterschied zu anderen Vertretern dieser Fischfamilie ist der Buntbarsch ein ausgesprochener Oberflächenfisch. Bevorzugt steht er an Stellen, an denen sich viel Holz in Form von Baumstämmen und Ästen im Wasser befindet, oder im Schutze eines Schwimmpflanzenteppichs der Wasserhyazinthe. Derartige Zufluchtsstätten sind offenbar für diesen langsamen und wenig wehrhaften Fisch sehr wichtig, da er seinen Lebensraum mit dem räuberischen Buntbarsch *Cichla ocellaris,* verschiedenen *Crenicichla*-Arten, Piranhas und anderen fischfressenden Großsalmlern und Großwelsen teilt. Charakteristisch für ihn ist, daß er außerhalb der Fortpflanzungszeit gesellig in Schulen zusammenlebt. Wir konnten ihn wiederholt in Gruppen beobachten, die sich zwischen Ästen oder Pflanzen unmittelbar unter der Wasseroberfläche aufhielten.

Die
Haltung

dieses Buntbarsches ist unproblematisch, denn er stellt keine besonderen Ansprüche an

Tabelle Nr. 25

Ort:	Restgewässer im Einzugsgebiet der Paca Cocha bzw. Yarina Cocha bei Pucallpa (Peru)
Sichtweite:	stark getrübt
Farbe:	gelbbraun
pH-Wert:	8
Gesamthärte:	13° dH
Karbonathärte:	15° dH
Leitfähigkeit:	450 μS bei 24° C
Wassertiefe:	über 2 m
Wasserbewegung:	keine
Wassertemperatur:	24° C
Lufttemperatur:	27° C
Datum:	18. 7. 1981 Uhrzeit 9.00 Uhr

die Zusammensetzung des Wassers. Aquarien ab einer Seitenlänge von einem Meter bieten dieser ruhigen und friedlichen Art ausreichend Raum. Bei der Einrichtung des Behälters sind unbedingt Versteckplätze zu berücksichtigen, die durch entsprechend angeordnete Moorkienwurzeln geschaffen werden. Wichtig sind auch einige größere Pflanzen, da sie von den Fischen als Laichsubstrat bevorzugt werden. Bewährt haben sich unter anderem *Echinodorus*-Arten. Zum Wohlbefinden tragen auch einige Schwimmpflanzen bei. Eine Vergesellschaftung ist nur mit Cichliden möglich, die ein ähnliches Temperament und vergleichbare Verhaltensweisen zeigen. Besonders empfehlenswert dafür sind *Pterophyllum*-Arten, die auch in denselben Lebensräumen auftreten, und *Symphysodon*-Arten, d. h. Diskusfische.

Die
Zucht

gelingt bei den Aquarium-Stämmen dieser Art relativ leicht. Dies könnte jedoch bei Importen aus Schwarzwasserflüssen anders sein. Das Fortpflanzungsverhalten von *Mesonauta festivus* zeigt manche Unterschiede gegenüber den Verhaltensweisen anderer Cichliden. Im Gegensatz zu der Mehrzahl anderer Offenbrüter laicht der Flaggenbuntbarsch nicht auf Steinen, die auf dem Untergrund liegen, sondern bevorzugt auf den Blättern von Wasserpflanzen. Auch werden die Larven nicht in Gruben abgelegt, sondern nahe der Wasseroberfläche an Pflanzen angeheftet. Dieser Befund scheint im Gegensatz zu der Beobachtung zu stehen, daß es in den meisten natürlichen Biotopen der Fische gar keine höheren Wasserpflanzen gibt. Während der Regenzeit treten aber die Heimatgewässer von *M. festivus* weit über ihre Ufer, und der Urwald wird meterhoch überschwemmt. Der Wasserspiegel erreicht dann eine derartige Höhe, daß Büsche und die unteren Äste von Bäumen tief in das Wasser eintauchen. An Blättern, die den Cichliden als Laichsubstrat dienen können, besteht infolgedessen zu dieser Jahreszeit kein Mangel. Allerdings handelt es sich um die untergetauchten Teile der emersen Vegetation und nicht um Wasserpflanzen. Die Fische ziehen ihre Nachkommen in einer Elternfamilie auf.

Die Gattung Neetrophus

wurde im Jahre 1869 von GÜNTHER aufgestellt. Obwohl ihr im Laufe der Zeit immer neue Arten zugeordnet wurden, ist sie stets eine recht kleine Gattung geblieben. Seit ihrer Revision durch ROGERS im Jahre 1981 ist sie sogar nur noch monotypisch. Von anderen amerikanischen Cichlidengattungen unterscheidet sie sich in erster Linie durch die Form der Zähne. Da *Paraneetroplus bulleri* REGAN, 1905 eine ähnliche Bezahnung besitzt, werden nähere verwandtschaftliche Beziehungen zu jener Spezies vermutet.

Viele Buntbarsche Mexikos leben in Gewässern mit starker Strömung.

Neetroplus nematopus
GÜNTHER, 1869

Jüngere Synonyme für diesen Cichliden sind *Neetroplus nicaraguensis* GILL & BRANSFORD, 1877, und *N. fluviatilis* MEEK, 1912. Ältere Männchen können im Aquarium eine Länge von über 12 cm erreichen, weibliche Exemplare bleiben jedoch deutlich kleiner.
Bei neutraler Grundstimmung sehen die Fische graubraun bis hellgrau aus. In der Mitte des Körpers tragen sie eine breite schwarze Querbinde. Solbald die Tiere in Brutpflegestimmung kommen, findet jedoch ein dramatischer Farbwechsel statt. Der gesamte Körper verfärbt sich dann dunkel, beinahe schwärzlich. Nur an der Stelle, an der sich im normalen Farbkleid der dunkle Querstreifen befindet, liegt nun eine weiße Bauch-

Fundorte von Neetroplus nematopus

Neetroplus nematopus in neutraler Färbung.

binde, die in wirkungsvollem Kontrast zum Farbton des restlichen Körpers steht. Ein Sexualdimorphismus bildet sich erst im Alter heraus. Männliche Tiere werden nicht nur erheblich größer, sondern besitzen auch eine wesentlich kräftiger entwickelte Beflossung. Ein

arttypisches Merkmal,

das *Neetroplus nematopus* deutlich von anderen amerikanischen Buntbarschen unterscheidet und deshalb eine eindeutige Identifizierung ermöglicht, ist die Art der Bezahnung. Im Unterschied zu anderen Cichliden sind die Zähne dieser Art nicht rund oder zugespitzt, sondern abgeflacht und mit einer geraden Krone versehen, das heißt, schneidezahnähnlich. Für die aquaristische Praxis dürften im allgemeinen aber auch das typisch runde, kurzköpfige Profil und das Farbkleid für eine Bestimmung ausreichen, denn es gibt im Grunde keine ähnlichen Arten.

Die

natürlichen Lebensräume

von *N. nematopus* bilden die großen mittelamerikanischen Grabenseen (Nikaragua-, Managua-, Jiloa- und Masayasee) sowie Flüsse auf der atlantischen Seite von Nikaragua und Costa Rica (Costa Rica River). Dieser Buntbarsch ist ein Nahrungsspezialist, der sich in der Natur vor allem als Aufwuchsfresser ernährt, d. h., er weidet Algen von irgendwelchen festen Unterlagen ab. Magenuntersuchungen, die an Exemplaren aus dem Nikaraguasee durchgeführt wurden, ergaben, daß bei der Ernährung dieser Art neben pflanzlichem Material insbesondere Kleinkrebse (Copepoden) und Zuckmückenlarven (Chironomiden) eine wichtige Rolle spielen. Gelegentlich werden auch Jungfische anderer Cichliden erbeutet.

Die

Haltung

der ausgesprochen unempfindlichen und anpassungsfähigen Fische kann auch einem Anfänger empfohlen werden. Die chemische Beschaffenheit des Wassers spielt keine besondere Rolle, da auch höhere Härtegrade und ein pH-Wert im alkalischen Bereich den Lebensbedürfnissen der Tiere in optimaler Weise entgegenkommen. Ihre Ernährung ist ebenfalls unproblematisch, denn alle gängigen Futtermittel werden gut angenommen. Einem harmonierenden Paar bietet ein Aquarium mit einer Länge von einem guten Meter ausreichend Raum. Bei seiner Einrichtung dürfen höhlenartige Versteckplätze nicht vergessen werden, denn sie tragen wesentlich zum Wohlbefinden der Fische bei. Eine Vergesellschaftung mit anderen Buntbarschen ist nur bedingt und unter der Voraussetzung zu empfehlen, daß viel Raum zur Verfügung steht, denn während der Brutpflege wird *N. nematopus* sehr aggressiv und beansprucht einen ungewöhnlich großes Revier, das heftig verteidigt wird. Die

Neetroplus nematopus im Brutpflegekleid.

Zucht

ist alles andere als schwierig. Wenn sich die Möglichkeit dafür bietet, laichen die Fische in Höhlen ab. Die Brutpflege erfolgt in einer Vater-Mutter-Familie, d. h., das Weibchen übernimmt die direkte Pflege des Geleges und der Larven, während das Männchen die Grenzen des Brutreviers verteidigt. Sobald die Jungfische aufschwimmen, fressen sie zerriebenes Flockenfutter und die Larven des Salinenkrebses.

Die Gattung Petenia

wurde von GÜNTHER im Jahre 1862 aufgestellt. Sie enthält nur eine einzige Spezies, die in näherer verwandtschaftlicher Beziehung zu den *„Cichlasoma"*-Arten steht, die der Sektion *Parapetenia* zugerechnet werden. Der Gattungsname bezieht sich auf den Lake Peten in Guatemala, einen der Fundorte dieses Buntbarsches.

Petenia splendida

GÜNTHER, 1862

Mit einer maximalen Körperlänge von ungefähr einem halben Meter und einem Gewicht von zweieinhalb Kilogramm gehört dieser Buntbarsch zu den größten Vertretern seiner Fischfamilie. In Mittelamerika zählt er infolgedessen zu den beliebtesten Speisefischen und ist auch regelmäßig auf Fischmärkten zu finden.

Die Grundfarbe der Fische ist grauweiß bis leicht gelblich. Kopf, Körper und die unpaaren Flossen sind mit zahlreichen kleinen schwarzen Flecken und Strichen übersät. Zu den auffallendsten Zeichnungen zählt ein von einem goldenen Hof umgebener Augenfleck, der in der oberen Hälfte des Schwanzstiels gelegen ist. Im oberen Winkel des Kiemendeckels befindet sich ebenfalls ein schwarzer Fleck. Beide sind durch eine Längsreihe von fünf weiteren schwarzen Fleckzeichnungen miteinander verbunden. Die Kehlhaut, aber auch die Stirn und der Nacken können schön rosarot gefärbt sein. Denselben Farbton können auch die Schwanzflosse sowie ein schmaler

Fundorte von Petenia splendida

Saum der Rückenflosse zeigen. *Petenia splendida* zählt zu jener kleinen Gruppe amerikanischer Cichliden, die einen farblichen Polymorphismus zeigen. Neben der vorstehend beschriebenen Normalmorphe tritt ver-

Petenia splendida

einzelt eine orangegelbe Farbmorphe auf, die in der unteren Hälfte des Körpers weißlich, in der Rücken-, Stirn- und Kopfregion intensiv orange gefärbt ist. Der Kopf ist mit kleinen roten Flecken übersät. Die Fische sind isomorph, das heißt, die Geschlechter lassen sich aufgrund äußerer Merkmale nicht unterscheiden.

Die
natürlichen Lebensräume
dieses Buntbarsches liegen in den mexikanischen Bundesstaaten Vera Cruz, Tabasco, Chiapas und Campeche sowie im nördlichen Guatemala (Laguna de Peten) und Belize. Wir konnten ihn im Jahre 1984 unter anderem in einem Nebenfluß des Rio Papaloapan nach-

Beim Schnorcheln im Rio Nututun (Chiapas, Mexiko) konnten wir P. splendida beobachten.

weisen, der wahrscheinlich die Westgrenze seiner Verbreitung bildet. Dieser Cichlide scheint recht anpassungsfähig zu sein, denn er kommt sowohl in den stark getrübten Unterläufen größerer Flüsse als auch in klaren Gebirgsflüssen vor, die eine erhebliche Strömung besitzen. Beispielsweise konnten wir als Taucher bei Palenque in einer teichartigen Erweiterung des Rio Nututun ein ausgewachsenes Paar bei der Brutpflege beobachten, das mehrere hundert Jungfische führte. Dieses Flüßchen, das man in etwa mit einem Gewässer der mitteleuropäischen Forellenregion vergleichen kann, wurde noch von mindestens fünf weiteren Cichliden, beispielsweise Vertretern der *„Cichlasoma“*-Sektionen *Thorichthys, Theraps* und *Parapetenia,* dem Salmler *Astyanax fasciatus,* dem lebendgebärenden Zahnkarpfen *Poecilia sphenops* sowie einer Ährenfisch-, einer Wels- und einer Grundelart bewohnt. An den von uns untersuchten Fundorten von *P. splendida* war das Wasser immer mittelhart und besaß eine alkalische Reaktion.

Aufgrund seiner Größe ist dieser Cichlide eigentlich kein Aquarienfisch, und seine

Haltung

sollte den großen Schauaquarien der zoologischen Gärten und Museen vorbehalten bleiben. Dort ist er jedoch ein eindrucksvoller und interessanter Pflegling, der infolge seiner Anpassungsfähigkeit und Robustheit leicht zu halten ist. Da erwachsene Exemplare ausgesprochen räuberisch sind und sich vorzugsweise von Fischen ernähren, müssen sie regelmäßig mit zerschnittenem See- oder Süßwasserfisch gefüttert werden. Im Aquarium sollten sich einige Unterstände in Form

Petenia splendida ist ein begehrter Speisefisch.

von großen Wurzeln befinden, denn sie tragen offensichtlich zum Wohlbefinden der Fische bei. Die

Zucht

ist im Aquarium offenbar noch nicht gelungen. Beobachtungen in den natürlichen Lebensräumen haben jedoch ergeben, daß *Petenia splendida* ein Offenbrüter ist, der die Brut in einer Elternfamilie aufzieht.

Tabelle Nr. 26

Ort:	Rio Nututun bei Palenque (Chiapas, Mexiko)
Sichtweite:	ca. 3 m
Farbe:	grünlich
pH-Wert:	8,85
Gesamthärte:	12,5° dH
Karbonathärte:	12,0° dH
Leitfähigkeit:	1200 µS bei 27° C
Wassertiefe:	1,50 – 3,50 m
Wasserbewegung:	starke Strömung
Wassertemperatur:	27° C
Lufttemperatur:	30° C
Datum:	2. 4. 1983 Uhrzeit 14.00 Uhr

Die Gattung Pterophyllum

wurde von HECKEL im Jahre 1840 aufgestellt. Ein jüngeres Synonym ist *Plataxoides* CASTELNAU, 1855. Sie gehört zu den kleineren Cichlidengattungen, denn zur Zeit werden ihr nur drei Arten zugeordnet. Typische Merkmale für diese Buntbarsche sind der seitlich stark abgeflachte, beinahe scheibenförmige Körper, die fadenförmig verlängerten Bauchflossen und die sehr kleinen Schuppen. Nähere verwandtschaftliche Beziehungen bestehen einerseits zur Gattung *Symphysodon* HECKEL, 1840, und andererseits zur Gattung *Mesonauta* GÜNTHER, 1862.

Pterophyllum altum

PELLEGRIN, 1903

Im Unterschied zum Gewöhnlichen Segelflosser, *Pterophyllum scalare* (LICHTENSTEIN, 1823), der bereits im ersten Jahrzehnt dieses Jahrhunderts in Deutschland als Aquarienfisch gepflegt wurde, ist der Hohe Segelflosser erst am Anfang der 50er Jahre importiert worden. Seine Standardlänge, d. h. die Körperlänge ohne die Schwanzflosse, kann 10 cm erreichen.

Bei *Pterophyllum altum* weist die Profillinie von Stirn und Nacken in Augenhöhe einen scharfen Knick auf. Typisch ist ferner, daß sich der zweite Querstreifen, der den stacheligen Teil der Rückenflosse mit der Afterregion verbindet, nach unten merklich verjüngt. Im Unterschied zu den anderen Vertretern der Gattung, die in den Zwischenräumen zwischen den vier kräftig ausgebildeten vertikalen Binden nur angedeutete kurze Streifen zeigen, besitzt der Hohe Segelflosser in diesen Regionen vollständige Querbänder, die

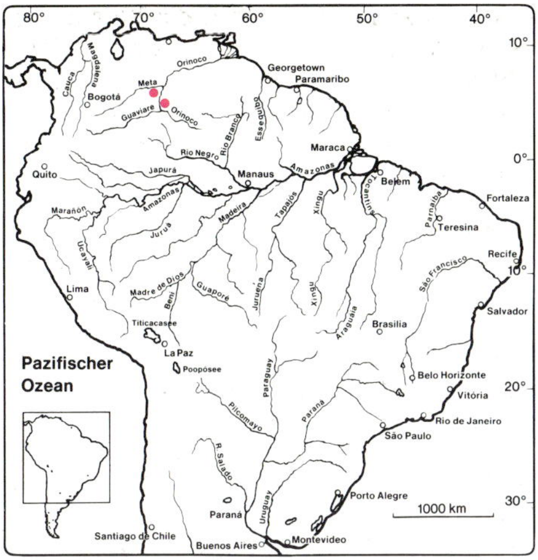

Fundorte von Pterophyllum altum

sich, wenn auch weniger intensiv dunkel gefärbt als die übrigen Binden, bis an den unteren Rand des Körpers erstrecken. Das

Pterophyllum altum

Streifenmuster in den Flossen und die Tüpfel in der Rückenregion sind bei dieser Spezies häufig braunrot oder sogar rötlich gefärbt. Sie ist isomorph, d. h., die Geschlechter lassen sich mit Hilfe äußerer Merkmale nicht mit Sicherheit unterscheiden.

Arttypische Merkmale

Entgegen der weitverbreiteten Meinung ist die Einbuchtung oberhalb der Augen kein verläßliches Kennzeichen, um diesen Buntbarsch zu identifizieren, denn dieses Merkmal zeigt auch eine Form von *Pterophyllum scalare*, die im mittleren Ucayali (Peru) vorkommt. Die Bestimmung ist jedoch durch ein Auszählen der Schuppen, die unterhalb der Seitenlinie in einer Längsreihe liegen, und der Weichstrahlen in der Rücken- und Afterflosse möglich. *Pt.*

Pterophyllum altum ist ein typischer Bewohner von Schwarzwasserbiotopen, die klar, aber teefarben getönt sind.

altum besitzt auf den Körperseiten 41–47 Schuppen in einer Längsreihe und hat in der Dorsale 28–29 und in der Anale 28–32 Weichstrahlen.

Ähnliche Arten

Da die drei *Pterophyllum*-Arten mehr oder weniger dieselbe Körperform und dieselben Zeichnungen besitzen, sind sie aufgrund von Unterschieden im Farbkleid nur schwer zu identifizieren. Entscheidend für die Bestimmung der Arten ist die Zahl der Schuppen, die in einer Längsreihe gezählt werden, und die Zahl der Weichstrahlen in der After- und Rükkenflosse. *Pterophyllum scalare* (LICHTENSTEIN, 1823) besitzt 32–40 Schuppen in einer Längsreihe sowie in der Dorsale 22–29 und in der Anale 24–28 Weichstrahlen. *Pt. dumerilii* (CASTELNAU, 1855) hat 26–30 Schuppen, in der Dorsale 19–23 und in der Anale 19–22 Weichstrahlen.

Der

natürliche Lebensraum

dieses Cichliden ist relativ begrenzt. Alle bekannt gewordenen Fundorte liegen im Einzugsgebiet des Orinoko. Das Typusexemplar wurde im Rio Atabapo gefangen. *Pt. altum* lebt in Gewässern, die durch eine ungewöhnliche Armut an gelösten Mineralien und äußerst niedrige pH-Werte gekennzeichnet sind. Offenbar sind sie ähnlich wie die Diskusfische aus der Gattung *Symphysodon* zumindest während der Fortpflanzung auf derartige Umweltbedingungen relativ stark angewiesen. Ihre bevorzugten Aufenthaltsorte bilden ruhige, strömungsarme Gewässerteile, wo sie zwischen den Ästen von ins Wasser gestürzten Bäumen stehen.
Bei der Wahl des Aquariums muß Rücksicht auf die besondere Körperform der Fische genommen werden. Für die erfolgreiche

Haltung

wird ein recht hohes Aquarium benötigt, dessen Mindesthöhe 50 cm betragen sollte. Seine Einrichtung erfolgt mit Moorkienholz und langstieligen Pflanzen in der Weise, daß die Fische zwischen Ästen oder zwischen den Pflanzenstengeln Schutzzonen finden, in denen sie sich aufhalten können. Die Segelflosser sind sehr ruhige Pfleglinge, die weder mit sehr lebhaften noch mit aggressiven Fischen vergesellschaftet werden sollten. Man kann sie jedoch gut mit Diskusfischen zusammen halten, die ähnliche Verhaltensweisen zeigen. Obwohl die Pflege dieser Buntbarsche auch in härterem Wasser, das eine alkalische Reaktion besitzt, möglich ist, scheint für die

Zucht

weiches und saures Wasser eine wichtige Voraussetzung zu bilden. Bisher ist es nur ausnahmsweise gelungen, diese Art im Aquarium zur erfolgreichen Fortpflanzung zu bringen. Detaillierte Zuchtberichte wurden noch nicht publiziert. Aufgrund der Erfahrungen mit den anderen Vertretern der Gattung ist zu erwarten, daß die Fische auf Blättern oder Wurzeln, das heißt fern vom Gewässergrund, ablaichen und die Brut in einer Elternfamilie aufziehen.

Die Gattung Symphysodon

ist von HECKEL im Jahre 1840 aufgestellt worden. Über die Systematik innerhalb dieser recht kleinen Gattung gibt es zur Zeit unterschiedliche Ansichten. Grundsätzlich werden zwei Hauptformen unterschieden, die einige Autoren als zwei verschiedene Arten ansehen – eine Meinung, der hier gefolgt wird –, andere aber nur als Unterarten derselben Spezies betrachten. Außerordentlich umstritten ist die Unterscheidung von vier weiteren Unterarten, die von SCHULTZ (1960) und BURGESS (1981) vorgenommen wurde, da es zwischen ihnen offenbar Übergangsformen gibt und eine klare Abgrenzung auf Schwierigkeiten stößt.
Kennzeichnend für die Gattung ist der seitlich stark zusammengedrückte, hohe, beinahe scheibenförmige Körper. Weitere typische Merkmale sind die ungewöhnlich zahlreichen Flossenstrahlen in der Dorsale und Anale sowie die hohe Zahl relativ kleiner Schuppen. Die Rückenflosse enthält 7–10 Hart- und 28–34 Weichstrahlen, die Afterflosse 7–9 Hart- und 26–32 Weichstrahlen. In einer Längsreihe werden 44–61 Schuppen gezählt. Nähere verwandtschaftliche Beziehungen bestehen einerseits zur Gattung *Pterophyllum* HECKEL, 1840, und andererseits zu *Heros severus* HECKEL, 1840.

Symphysodon discus

HECKEL, 1840

Dieser Buntbarsch, der in der Aquaristik „Heckel-Diskus“ oder „Echter Diskusfisch“ genannt wird, wurde in den 20er Jahren erstmals lebend nach Europa importiert. Er kann eine Gesamtlänge von knapp 20 cm erreichen. Kennzeichnend für ihn ist, daß von den neun dunklen Querstreifen, die zwischen dem Auge und dem Grund der Schwanzflosse über die Körperseiten verlaufen, der fünfte, der etwa in der Mitte des Körpers liegt, besonders breit und kräftig gefärbt ist. Über die Flanken verläuft ein Muster rötlich bis braunroter und blau glänzender welliger Längsstreifen. Eine Unterscheidung der Geschlechter aufgrund äußerer Merkmale ist unmöglich, da die Fische isomorph sind.

Fundorte von Symphysodon discus

Türkis-Diskus, Zuchtform von Symphysodon aequifasciata

Arttypische Merkmale,

die diese Spezies von den anderen Vertretern der Gattung unterscheiden, sind das besonders kräftig ausgebildete fünfte Querband und das Muster rötlicher und blauer Wellenlinien, das in Längsrichtung über die Flanken zieht. Ein weiteres Kennzeichen von *Symphysodon discus* besteht darin, daß diese Art nur 44–48 Schuppen in einer Längsreihe aufweist. Zu den

ähnlichen Arten

könnte man mit einer gewissen Berechtigung auch *Heros severus* (vgl. S. 136) rechnen, denn zumindest Jungfische beider Cichliden zeigen eine Reihe von Gemeinsamkeiten. Erwachsene Exemplare jener Spezies besitzen jedoch im Gegensatz zu den Diskusfischen eine spitz ausgezogene Rücken- und Afterflosse und einen weniger runden Körper. *Symphysodon aequifasciatus* PELLEGRIN, 1903, der zweite Vertreter der Gattung, unterscheidet sich vom Heckel-Diskus dadurch, daß die dunklen Querstreifen auf den Flanken alle dieselbe Farbintensität zeigen. Ferner besitzen jene Fische 50–61 Schuppen in einer Längsreihe.

Die

natürlichen Lebensräume

des Heckel-Diskus liegen im Einzugsgebiet des mittleren und unteren Rio Negro. Neuerdings (BURGESS, 1981) wurde dieser Cichlide auch im Rio Abacaxis, einem Nebenfluß des unteren Rio Madeira, nachgewiesen. Die Fische leben überwiegend in typischem Schwarzwasser, dessen pH-Wert im allgemeinen zwischen den Werten 5,0 und 6,5 liegt, und das so arm an gelösten Mineralien ist, daß sowohl die Gesamt- als auch die Karbonathärte niemals 1° dH erreichen und die Leitfähigkeit unter 20 Mikro-Siemens liegt. Die bevorzugten Aufenthaltsorte dieses Buntbarsches sind die strömungsarmen Abschnitte der Gewässer: tote Flußarme und stille Buchten, in denen es viel Holz im Wasser gibt. Besonders gern stehen die Fische zwischen Astwerk und Wurzeln oder im Schutze von schwimmenden Inseln oder schwimmenden Wiesen, die von verschiedenen Gräsern gebildet werden. Außerhalb der Fortpflanzungsaktivitäten lebt der Diskusfisch nicht paarweise, sondern in Verbänden, die bis zu 50 Exemplare enthalten können.

Symphysodon discus

Unter Beachtung einiger Grundregeln ist die erfolgreiche

Haltung

von Diskusfischen weniger schwierig, als im allgemeinen angenommen wird. Weiches und saures Wasser ist nicht unbedingt eine Voraussetzung für die langjährige Pflege dieser Fische. Viel wichtiger als die Wasserhärte und die Konzentration der Wasserstoffionen ist die Wasserqualität in bezug auf Nitrit und Nitrat. Um einer schädlichen Erhöhung der Konzentration von Stickstoffverbindungen im Wasser entgegenzuwirken, ist ein regelmäßiger Teilaustausch des Aquariumwassers gegen Frischwasser notwendig, durch den die ständig zunehmende Ansammlung von Stoffwechselprodukten wieder rückgängig gemacht wird. Diskusfische können auch in gut bepflanzten Aquarien gepflegt werden, denn selbst zarte Gewächse werden von ihnen nicht beschädigt. Wichtig für ihr Wohlbefinden ist, daß sie in dem Behälter auch Schutzzonen in Form von Wurzeln oder langstieligen Pflanzen vorfinden, zwischen die sie sich zurückziehen können. Sie sind sehr ruhige Pfleglinge, die weder mit aggressiven noch mit sehr lebhaften Fischen zusammen gepflegt werden dürfen. Aus diesem Grund sollte man sie entgegen der Empfehlung mancher Autoren nur dann mit den unruhigen kleinen südamerikanischen Salmlern vergesellschaften, wenn ein extrem geräumiges Aquarium zur Verfügung steht, in dem sich die Fische ausweichen können. Besser geeignet sind Buntbarsche aus den Gattungen *Pterophyllum, Mesonauta* und *Uaru,* mit denen sie ihre natürlichen Lebensräume teilen und die ein ähnliches Temperament haben. Problematisch ist jedoch, daß Diskusfische sehr empfindlich auf einen Befall mit parasitären Geißeltierchen aus der Gattung *Hexamita* reagieren, andere Buntbarsche aber erheblich widerstandsfähiger sein können und trotz eines Befalls nicht unbedingt Krankheitssymptome zeigen müssen. Dadurch besteht die Gefahr, daß man sich bei einer Vergesellschaftung diese Krankheit einschleppen kann.

Ein gutes Futter für adulte Diskusfische ist das entsprechend zerschnittene Fleisch von Krabben und Garnelen (Shrimps), denn in den natürlichen Biotopen spielen Süßwassergarnelen offenbar eine wichtige Rolle bei der Ernährung dieser Cichliden. Rote Mückenlarven und *Tubifex* sollten überhaupt nicht an Diskusfische verfüttert werden, da sie oftmals aus stark verschmutzten Gewässern stammen und dann Krankheitserreger übertragen können. Die Wassertemperatur im Diskusaquarium sollte nicht unter 27° Celsius absinken. Für die

Zucht

sollte sie 29–30° C betragen. *Symphysodon discus* ist ein Offenbrüter, der nicht am Boden, sondern in einigem Abstand vom Untergrund auf senkrechten Substraten ablaicht. Die Brut wird in einer Elternfamilie aufgezogen. Einmalig unter Buntbarschen ist, daß die Jungtiere sich während der ersten Tage ausschließlich von einem Hautsekret der Eltern ernähren und eingehen, wenn diese Nahrung nicht zur Verfügung steht. Leider ist die Zucht von Diskusfischen alles andere als einfach. Die günstigsten Voraussetzungen für ihr Gelingen bestehen in einem extrem weichen Wasser, dessen pH-Wert unter dem Wert 5 liegt und das mehr oder weniger frei von Stickstoffverbindungen ist. Um diese Bedingungen besser kontrollieren und aufrechterhalten zu können, pflegen Berufszüchter die Fische in

Während der ersten Tage ernähren sich die Jungfische von Symphysodon-Arten vom Hautsekret der Eltern.

Biotop von Thorichthys-Arten während des Niedrigwassers.

völlig sterilen, leeren Behältern, in denen sich nur ein sauberers Tongefäß als Laichsubstrat befindet. Bedauerlicherweise ist selbst die Ablage von Eiern noch keine Garantie für die erfolgreiche Zucht, da Diskusfische häufig immer wieder das Gelege auffressen. Auch nach dem Schlüpfen der Larven und dem Aufschwimmen der Jungtiere mißlingt die Aufzucht gar nicht selten, da die Elternfische kein Nährsekret für die Brut produzieren.

Die Gattung Thorichthys

wurde im Jahre 1904 von MEEK aufgestellt. REGAN (1908) ordnete diese Buntbarsche aber wieder in die Gattung *Cichlasoma* ein und führte *Thorichthys* nur als Sektion. Spätere Autoren benutzten den Namen auch als Untergattung. Seit der Überarbeitung und Verkleinerung der Gattung *Cichlasoma* durch KULLANDER (1983) hat der Name *Thorichthys* als Gattungsbezeichnung jedoch erneut Gültigkeit erlangt.
Zur Zeit sind die *Thorichthys*-Arten, die untereinander sehr nahe verwandt und sich auch sehr ähnlich sind, dringend einer Überarbeitung bedürftig. MILLER & NELSON (1961) unterscheiden acht Arten. Aus Mexiko sind aber weitere, noch unbeschriebene Vertreter dieser Gattung bekannt. Die Verbreitung der *Thorichthys*-Arten erstreckt sich nur auf die atlantische Seite von Mittelamerika zwischen dem Einzugsgebiet des Rio Antigua im Süden des mexikanischen Bundesstaates Veracruz bis in das Gebiet des Rio Montagua im Südosten Guatemalas und Nordwesten von Honduras.

Charakteristische Merkmale der Gattung sind nach MEEK & NELSON (1961) unter anderem das Fehlen von Schuppen am Grund des weichstrahligen Teils von Rücken- und Afterflosse, eine gestutzte bis eingebuchtete Schwanzflosse, deren äußere Strahlen bei adulten Fischen fädig verlängert sind, lange Brustflossen, ein spitzer Kopf mit einer verlängerten Schnauze, ein Flankenfleck auf dem dritten Querstreifen, rötlich gefärbte Kiemenhäute, blaue Flecken auf Kopf und Körper sowie ein schwarzer Fleck im unteren Winkel des Kiemendeckels.

Thorichthys ellioti

MEEK, 1904

Der abgebildete Fisch wurde von SEEGERS auf einer gemeinsamen Sammelreise nach Mexiko im Jahre 1983 gefangen und von MILLER identifiziert. Diese Art kann eine Länge von ungefähr 14 Zentimeter erreichen.

Der Körper der Fische ist grau bis beigefarben getönt. Zwischen Kiemendeckel und Schwanzstiel verlaufen sechs dunkle Querstreifen über die Flanken. Der dritte Streifen trägt einen deutlich hervortretenden Flankenfleck. Ein zweiter schwarzer Fleck liegt im unteren Winkel des Kiemendeckels. Auf den Wangen und dem Kiemendeckel gibt es relativ großflächige blaue Glanzflecken. Auch die meisten Schuppen in der unteren Körperhälfte tragen ebenso wie die unpaaren Flossen hellblau glänzende Punkte. Sowohl die

Fundorte von Thorichthys ellioti

Thorichthys ellioti

Rücken- als auch die Afterflosse tragen unter dem Rand einen hellblauen Streifen. Die Brust- und die Bauchregion der Fische sind rötlich gefärbt. Die Geschlechter sind äußerlich kaum mit Sicherheit zu unterscheiden.

Arttypische Merkmale

für *Thorichthys ellioti* sind die relativ großen blauen Flecken in der unteren Hälfte des Kopfes und eine vergleichsweise niedrige Rükkenflosse. Sehr

ähnliche Arten

treten mehrfach in der Gattung *Thorichthys* auf, so daß die Identifizierung dieser Cichliden nicht einfach ist. Nützliche Hinweise bei der Bestimmung dieser Buntbarsche ergeben sich aus den Fundorten: *Th. helleri* (STEINDACHNER, 1864), beschrieben aus dem Rio Teapa (Tabasco), besitzt eine recht hohe Rückenflosse und kleinere blaue Flecken auf dem Kopf. Weitere ähnliche Arten aus Mexiko sind *Th. callolepis* (REGAN, 1904) aus dem oberen Einzugsgebiet des Coatzacoalcos (Oaxaca) und *Th. champotonis* (HUBBS, 1936) aus dem Rio Champoton (Campeche).

Die

natürlichen Lebensräume

von *Th. ellioti* liegen im Bundesstaat Veracruz. Die Fundorte befinden sich vor allem im oberen Einzugsgebiet des Rio Tonto, der einen Zufluß des Rio Papaloapan bildet. Das Typusexemplar wurde bei Motzorongo gefangen. Der im Foto abgebildete Fisch stammt aus einem Restwassertümpel südlich von Ciudad Aleman, d. h. etwas unterhalb der Mündung des Rio Tonto in den Rio Papaloapan. Das Wasser war sehr stark getrübt und der Untergrund schlammig. Der Rand des Gewässers war zum Teil mit Schilf bestanden, seine Oberfläche teilweise mit einem Teppich aus Schwimmpflanzen, vor allem *Eichhornia,* bedeckt. Weitere Fische des Fundortes waren Salmler *(Astyanax)* und Schwertträger *(Xiphophorus).* Die

Haltung

von *Thorichthys*-Arten ist im allgemeinen unproblematisch, weil sie recht anspruchslos und anpassungsfähig sind. Dem Chemismus des Wassers braucht deshalb keine besondere Aufmerksamkeit geschenkt zu werden. Infolge ihrer relativ geringen Größe bietet

Die Vertreter der Gattung Thorichthys leben oft zwischen Pflanzen.

ihnen ein Aquarium von rund einem Meter Länge ausreichend Raum. Wichtig sind Versteckplätze, die bei der Einrichtung unbedingt einzuplanen sind. Pflanzen werden von diesen Buntbarschen nicht beschädigt. Auch die

Zucht

ist nicht schwierig. Alle *Thorichthys*-Arten sind Offenbrüter, die meistens flache Steine als Laichsubstrat verwenden. An der Pflege und Verteidigung des Geleges und der Jungen beteiligen sich beide Elterntiere sehr intensiv, so daß selbst in einem Gesellschaftsaquarium einige Jungfische heranwachsen.

Die Gattung Uaru

ist bereits im Jahre 1840 von HECKEL beschrieben worden. Manches spricht dafür, daß sie mit der Gattung *Hoplarchus* näher verwandt ist. Ihr bisher einziger Vertreter ist der Keilfleckcichlide, *Uaru amphiacanthoides.* Zu den besonderen Merkmalen der Gattung zählt der Besitz von über 50 Schuppen in einer Längsreihe, die relativ klein sind, und von 8–10 Hartstrahlen in der Afterflosse. Bemerkenswert ist ferner, daß die Schuppen der Seitenlinie größer als die restlichen Schuppen der Köperseiten sind.

Uaru amphiacanthoides

HECKEL, 1840

gehört zu den Buntbarschen, die am längsten im Aquarium gehalten werden, denn in Deutschland pflegt man diese Art seit 1913. *Uaru obscurum* GÜNTHER, 1862, *U. imperialis* (STEINDACHNER, 1879) und *Pomotis fasciatus* SCHOMBURGK, 1843, sind offenbar jüngere Synonyme für diese Spezies. Da ihre maximale Länge über 25 cm betragen kann, findet man sie regelmäßig als Speisefisch auf den Märkten Brasiliens angeboten. Obwohl diesem Cichliden alle grellen Farben fehlen, ist er außerordentlich auffallend gefärbt. Auf graugrünem bis grüngelbem Untergrund trägt er in der unteren Körperhälfte einen großflächigen, langgestreckten schwarzen Fleck, der sich von vorn nach hinten verjüngt und Anlaß für den deutschen Namen Keilfleckcichlide gab. Auch auf der Schwanzwurzel liegt ein schwarzer, häufig rechteckiger Fleck. Zwei weitere liegen in der vorderen Körperregion: einer unmittelbar hinter dem Auge, der zweite, der nur klein ist, oberhalb des Ansatzes der Brustflossen. Die Iris erwachsener Fische ist schön rotorange getönt. Da dieser Buntbarsch isomorph ist, sind die Geschlechter an Hand äußerer Merkmale nicht mit Sicherheit zu unterscheiden. Zu den

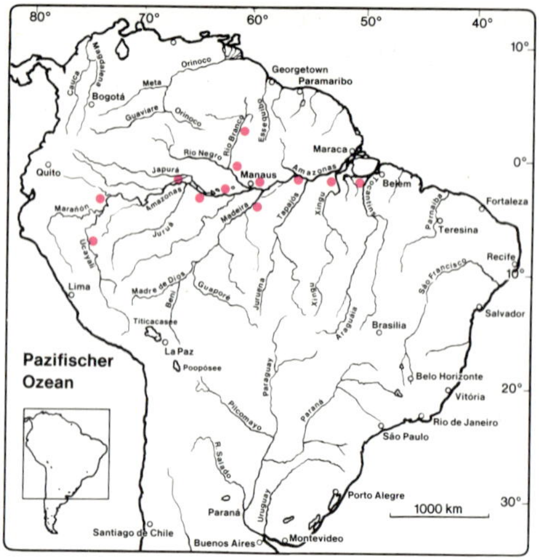

Fundorte von Uaru amphiacanthoides

arttypischen Merkmalen,

an denen *Uaru amphiacanthoides* zu erkennen ist, zählen der großflächige, in etwa keilförmige schwarze Fleck in der unteren Kör-

Uaru amphiacanthoides

perhälfte, der bereits in einigem Abstand unterhalb der oberen Seitenlinie endet, sowie die beiden kleinen Flecken hinter dem Auge.

Ähnliche Arten

gibt es im Grunde nicht. Neuerdings (SCHMETTKAMP, 1980) ist jedoch in der Aquaristik ein Buntbarsch aufgetaucht, der auf den ersten Blick wie der Keilfleckcichlide aussieht, der aber eine Reihe von bemerkenswerten Unterschieden aufweist, die darauf hindeuten, daß es sich um eine noch nicht beschriebene Art handelt: Der Keilfleck ist größer und endet nicht unterhalb, sondern über der Seitenlinie. Die beiden Flecken hinter dem Auge fehlen. Dafür sind der Oberrand der Iris und die gut sichtbaren Zähne rot gefärbt. Schließlich ist jene Art schlanker und weniger hochrückig.

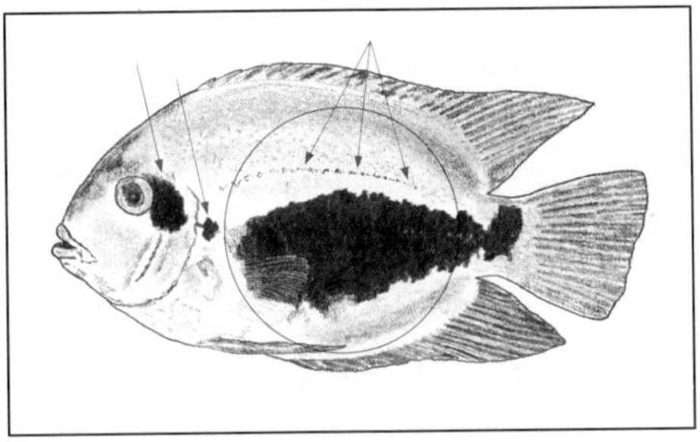

Uaru amphiacanthoides

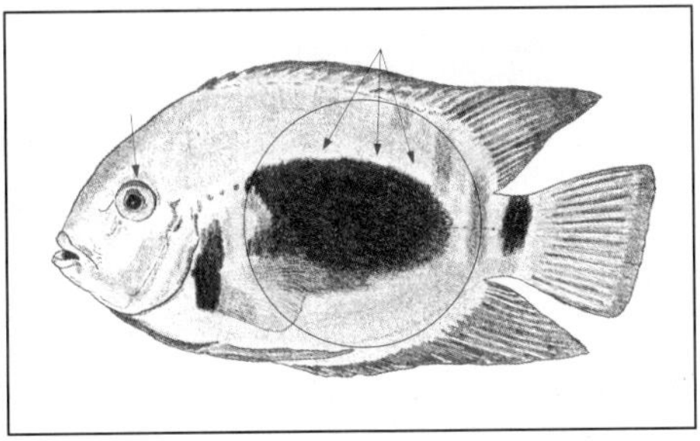

Uaru spec.

Die
natürlichen Lebensräume

von *U. amphiacanthoides* bilden vor allem typische Schwarz- und Weißwasserflüsse, die sehr arm an gelösten Mineralien sind und deren pH-Wert im sauren Bereich liegt. In der Literatur sind Fundorte für den gesamten Amazonas und Rio Solimoes, den unteren Ucayali, Madeira und Xingu sowie für den Rio Negro und Branco belegt. Bei der

Haltung

des Keilfleckcichliden treten keine größeren Probleme auf. Er ist ein friedlicher und ruhiger Pflegling, der im Vergleich zu seiner Größe einen geringen Raumbedarf hat. Dennoch sollte das Aquarium deutlich über einen Meter lang sein. Versteckplätze aus Wurzeln oder zusammengestellten Steinplatten können erheblich zum Wohlbefinden der Fische beitragen. Pflanzen dürfen nicht zur Dekoration des Aquariums verwendet werden, da der Keilfleckcichlide ein Pflanzenfresser ist. Das scheint im Widerspruch zu der Beobachtung zu stehen, daß es in den natürlichen Lebensräumen dieser Art in der Regel gar keine Pflanzen gibt. Zur Zeit des Hochwassers wird der Urwald jedoch meterhoch überschwemmt, und die unter die Wasseroberfläche geratenen Blätter der Landvegetation bilden für viele Fische eine zusätzliche Nahrungsquelle. Neben dem Fleisch von Garnelen und Fischen sollte man deshalb diesem Cichliden auch Salatblätter reichen, die jedoch keinerlei Rückstände von Insektiziden enthalten dürfen. Die

Zucht

ist bisher nur gelegentlich im Aquarium gelungen. Das hängt sicherlich damit zusammen, daß diese Art nur selten importiert und recht groß wird. Es ist deshalb schwierig, passende Zuchtpaare zusammenzustellen. Hinzu kommt, daß der Keilfleckcichlide offenbar während der Fortpflanzung recht stark auf die Wasserverhältnisse in seinen natürlichen Lebensräumen angewiesen ist. Für Zuchtversuche empfiehlt es sich deshalb, möglichst weiches und saures Wasser zu verwenden. Die Fische sind Offenbrüter, die vorzugsweise an senkrechten Substraten ablaichen. Sie ziehen die Brut in einer Elternfamilie auf und zeigen während der Brutpflege eine bemerkenswerte Parallele zu den Diskusfischen aus der Gattung *Symphysodon*, mit denen sie ihren natürlichen Lebensraum teilen. Ebenso wie bei jenen Cichliden ernähren sich auch die Jungfische des Keilfleckcichliden während der ersten Tage von einem Hautsekret der Elterntiere, das sie von deren Körperoberfläche abweiden. Während diese

Form der Ernährung aber für die Brut der Diskusfische obligatorisch ist, stellt sie bei den Keilfleckcichliden nur eine zusätzliche Nahrungsquelle dar, denn sie lassen sich nach dem Aufschwimmen auch mit den frischgeschlüpften Larven des Salinenkrebses füttern. Bemerkenswert ist, daß diese Art ein ausgesprochenes Jugendkleid besitzt. Jungfische tragen auf bräunlichem Untergrund eine Vielzahl grünsilbern glänzender Flecken und Striche.

Weißwasserbiotop von Uaru amphiacanthoides am Rio Solimoes bei Manaus. Die Fische kommen zur Zeit des Hochwassers gut an pflanzliche Nahrung heran.

Literaturverzeichnis

Allgayer, Robert (1983): *Nannacara aureocephalus,* espèce nouvelle de Guyane française (Pisces, Cichlidae). Rev. Franç. des Cichlidophiles. No. 33: 13–16, 21–24.
Almazan, Silvia Toral & A. R. Medina (1974): Los cichlidos (Pisces: Perciformes) de la Laguna de Terminos y sus afluente. Rev. Biol. Trop., *21* (2): 259–279.
Alvarez de Villar, J. (1970): Peces mexicanos (claves). Ser. invest. pesq., estudio No. 1, Inst. nac. invest. biol. pesq., Mexiko.
Astorqui, I. (1971): Peces de la cuenca de los grandes lagos de Nicaragua. Rev. Biol. Trop. *19* (1,2): 7–57.
Barlow, George W., *et. al.* (1976): Chemical Analyses os Some Crater Lakes in Relation to Adjactent Lake Nicaragua. In: *Investigations of the Ichthyofauna of Nicaraguan Lakes.* ed. Thomas B. Thorson. Univ. Nebrasca, Lincoln: 17–20.
–– & J. W. Munsey (1976): The Red Devil-Midas-Arrow Cichlid Species Complex in Nicaragua, in: Thorson, T. B. (ED.): *Investigations of the Ichthyofauna of Nicaraguan Lakes.* Univ. Nebraska, Lincoln: 359–369.
Baran, Gerd (1981): Erstmals gelungen: Die Zucht von *Acarichthys heckelii.* DCG-Info, *12* (10): 185–190.
Baylis, Jeffrey R. (1974): The Behavior and Ecology of *Herotitapia multispinosa* (Teleostei, Cichlidae). Z. Tierpsychol., *34:* 115–146.
Burgess, W. E. (1981): New information on the Species of the Genus *Symphysodon* with the Description of a New Subspecies of *S. discus* HECKEL. TFH, *29* (3): 32–42.
Bussing, W. A. (1966): New Species and New Records of Costa Rican Freshwater Fishes with a Tentative List of Species. Rev. Biol. Trop. *14* (2): 205–249.
–– (1974): Two new species of Cichlid fishes, *Cichlasoma sajica* and *C. diquis,* from southeastern Costa Rica. Rev. Biol. Trop., *22* (1): 29–49.
–– (1975): Taxonomy and biological aspects of Central American cichlid fishes *Cichlasoma sieboldii* and *C. tuba.* Rev. Biol. Trop., *23* (2): 189–211.
–– & M. Martin (1975): Systematic status, variation and distribution of four Middle American cichlid fisches belonging to the *Amphilophus* species group. genus *Cichlasoma. Contrib. Sci.* (269): 1–41.
Cichocki, F. (1976): Cladistic History of Cichlid Fishes and Reproductive Strategies of the American Genera *Acarichthys, Biotodoma* and *Geophagus.* 2 vols., Univ. Michigan, Ph. D. 710 pp.
Eigenmann, C. M. (1910): Catalogue of the fresh-water fishes of tropical and south temperate America. *Repts Princeton Univ. Exped. Patagonia 1896–1899. Zool. 3:* 375–512.
–– (1912): The freshwater fishes of British Guiana, including a study of the ecological grouping of species and the relation of the fauna of the plateau to that of the lowlands. *Mem. Carneg. Mus 5:* 578 pp.
–– (1922): The fishes of western South America. Part I. The freshwater fishes of north-western South America, including Colombia, Panama, and the Pacific slopes of Ecuador and Peru, together with an appendix upon the fishes of the Rio Meta in Colombia. *Mem. Carneg. Mus. 9:* 1–346.
Fernandez-Yepez, A. (1971): The Black Cichlid, *Chuco axelrodi,* sp. nov., a New Cichlid from Venezuela. TFH *20* (4): 14–19.
Fowler, H. W. (1944): Los peces del Perú. Catálogo sistemático de los peces que habitan en aguas peruanas. *Boln Mus. Hist. nat. "Javier Prado" 8:* 260–290.
–– (1954): Os peixes de agua doce do Brasil. Volume II. *Archos Zool. S. Paulo 9:* 1–400.
Gosse, J. P. (1976): Révision du genre *Geophagus.* Mém. Acad. r. Sci. Outre-Mer, Cl. Sci. nat. méd. N. S. *19* (3): 1–172.
–– & S. O. Kullander (1981): The Zoological Name of the Red-Hump *Geophagus* (Teleostei: Cichlidae). Buntb. Bull., J. Am. Cichl. Assn., No 83: 12–17.
Haseman, J. D. (1911): An annotated catalogue of the cichlid fishes collected by the Expedition of the Carnegie Museum to Central South America, 1907–10. *Ann. Carneg. Mus. 7:* 329–373.
Hubbs, Carl L., (1936): Fishes of the Yucatan Peninsula. Carnegie Inst. Wash. Publ., No 457: 157–287.
Kähsbauer, P. (1968): Beiträge zur Kenntnis einiger Cichliden (Pisces) von Centralamerika. Ann. naturh. Mus., Wien *72:* 161–175.
Koslowski, Ingo (1980): Aquarienbeobachtungen an *Apistogramma spec. nov.,* dem Wangenfleck-*Apistogramma.* DCG-Info *11* (8): 151–154.
–– (1980): Neues aus der *Apistogramma*-Szene. DCG-Info *11* (11): 201–206.
–– (1981): Neues aus der *Apistogramma*-Szene. DCG-Info *12* (8): 141–150.
–– (1984): Neuheiten und Neuigkeiten aus der Gattung *Apistogramma,* Teil 1: *Apistogramma spec.,* „Gelbwangen-*Apistogramma*". DCG-Info *15* (3): 50–55.
Kuhlmann, Friedrich (1984): *Biotodoma* erfolgreich im Aquarium nachgezogen. DATZ, *37* (1): 14–17.
Kullander, S. O. (1976): *Apistogramma luelingi* sp. nov. a new cichlid fish from Bolivia. Bonn. Zool. Beitr. *27:* 258–266.
–– (1977): *Papiliochromis* gen. n., a new genus of South American cichlid fish. Zool. Scr. *6:* 253–254.
–– (1979): Species of *Apistogramma* (Teleostei, Cichlidae) from the Orinoco Drainage Basin, South America, with Descriptions of Four New Species. Zool. Scr. *8:* 69–79.
–– (1979): Description of a new species of the genus *Apistogramma* (Teleostei, Perciformes, Cichlidae) from Peru. Rev. suisse Zool. *86:* 937–945.
–– (1980): A taxonomical study of the genus *Apistogramma* Regan, with a revision of Brazillian and Peruvian species. Bonn. Zool. Monogr. *14:* 152 pp.
–– (1980): Description of a new species of *Apistogramma* from the Rio Madeira system in Brazil. Bull. zool. Mus. Univ. Amsterd. *7:* 157–164.
–– (1980): A redescription of the South American cichlid fish *Papiliochromis ramirezi* (Myers & Harry, 1948). Stud. neotrop. Fauna Envir. *15:* 91–108.
–– (1981): Description of a new species of *Apistogramma* (Teleostei: Cichlidae) from the upper Amazonas basin. Bonn. zool. Beitr. *32:* 183–194.
–– (1981): The Bolivian ram: a zoogeographical problem and its taxonomic solution. DCG-Info *12* (4): 61–79.
–– (1981): A Cichlid from Patagonia. Buntb. Bull., J. Am. Cichl. Assn. No *85:* 13–23.
–– (1981): Cichlid fishes from the La Plata basin. Part I. Collections from Paraguay in the Muséum d'Histoire naturelle de Genève. Rev. suisse Zool. *88:* 675–692.
–– (1982): Beschreibung einer neuen *Apistogramma*-Art aus Zentral-Amazonien (Teleostei: Cichlidae). DCG-Info *13* (10): 181–193.
–– (1982): Description of a new species of *Apistogramma* REGAN from the Oyapock and Approuague River System (Teleostei: Cichlidae). Cybium, *6* (4): 65–72.
–– (1982): Cichlid fishes from the La Plata basin. Part III. The *Crenicichla lepidota* species group. Revue suisse Zool. *89:* 627–661.
–– (1983): Cichlid fishes from the La Plata basin. Part IV. Review of the *Apistogramma* species, with description of a new species. Zool. Scr. *11:* 307–313.
–– (1983): A Revision of the South American Cichlid Genus *Cichlasoma* (Teleostei: Cichlidae). Swedish Mus. Nat. Hist., Stockholm. 296 pp.
Linke, Horst (1975): Farbenprächtig, aber etwas scheu ist *Crenicara filamentosa.* Das Aquarium, *9* (3): 104–105.
–– (1982): Erste Informationen über eine Reise durch Kolumbien. DCG-Info *13* (11): 201–207.
–– (1983): *Apistogramma iniridae* ist noch nicht „angepaßt". Das Aquarium, *17* (6): 303–306.
–– (1983): Die Heimat des *Papiliochromis ramirezi.* TI, No 64 (Dez.): 5–6.
–– (1984): Neu- und wiederimportierte Zierfische: Zwei schöne Zwerge. Aquarium heute, *2* (3): 5–6.
–– & Wolfgang Staeck (1983): *Apistogramma nijsseni* aus Peru. Aquarium heute, *1* (3): 6–7.
–– & W. Staeck (1984): Amerikanische Cichliden I: Kleine Buntbarsche. Tetra-Verlag, Melle. 194 pp.
Loiselle, Paul v. (1982): Our National Cichlid, *Cichlasoma cyanoguttatum* Baird & Girard 1854. FAMA, *5* (5): 6 ff.
Lopez, M. J. (1974): Variación, coloración y estado sistimatico del pez centroamericano *Cichlasoma nicaraguense* (familia Cichlidae). Rev. Biol. Trop. *22* (1): 161–185.
Lowe (McConnell), R. H. (1964): The fishes of the Rupununi savanna district of British Guiana, South America. Part 1. Ecological groupings of fish species and effects of the seasonal cycle on the fish. J. Linn. Soc. Lond. Zool. *45:* 103–144.
–– (1969): The cichlid fishes of Guyana, South America, with notes on their ecology and breeding behaviour. Zool. J. Linn. Soc. *48:* 255–302.
Lüling, K. H. (1973): Die Laguna de Vegueta an der Küste Mittelperus und ihre Fische, insbesondere *Aequidens rivulatus* (GUENTHER, 1859). Zool. Beitr., N. F., *19* (1): 93–108.
Meek, Seth E. (1904): The Fresh-water Fishes of Mexiko North of the Isthmus of Tehuantepec. Publ. Field Columb. Mus., zool. ser., *5:* 1–252.

Miller, R. R. (1965): Geographical distribution of Central American freshwater fishes. Copeia 1966: 773–802.
–– (1976): Geographical distribution of Central American freshwater fishes with Addendum. In T. B. Thorson (ed.) Investigations of the ichthyofauna of Nicaraguan lakes, pp. 125–156.
–– & B. C. Nelson (1961): Variation, life colors, and ecology of *Cichlasoma callolepis,* a cichlid fish from southern Mexiko, with a discussion of the *Thorichthys* species group. Occ. pap. Mus. Zool. Univ. Mich. (622): 1–9.
Perrone, Michael (1978): Mate size and breeding success in a monogamous cichlid fish. Env. Biol. Fish, *3* (2): 193–201.
Peters, H. M. & Berns (1978): Über die Vorgeschichte der maulbrütenden Cichliden. I. Was uns die larvalen Haftorgane lehren. II. Zwei Typen von Maulbrütern. Aqu. Magazin *12:* 211–217, 324–331.
–– (1982): Die Maulbrutpflege der Cichliden: Untersuchungen zur Evolution eines Verhaltensmusters. Z. f. zool. Systematik u. Evolutionsforschung *20* (1): 18–52.
Ohm, Dietrich (1978): Sexualdimorphismus, Polygamie und Geschlechtswechsel bei *Crenicara punktulata* Günther, 1863. Sitzungsber. Ges. Naturf. Fr. Berlin (N. F.), *18:* 90–104.
Regan, C. T. (1905): A revision of the fishes of the South-american cichlid genera *Crenacara, Batrachops* and *Crenicichla.* Proc. zool. Soc. Lond. 1905: 152–168.
–– (1905): A revision of the fishes of the South-American cichlid genera *Acara, Nannacara, Acaropsis* and *Astronotus.* Ann. Mag. nat. Hist. (7) *15:* 329–347.
–– (1905): A revision of the fishes of the American cichlid genus *Cichlosoma* and of the allied genera. Ann. Mag. nat. Hist. (7) *16:* 60–77, 225–243, 316–340, 433–445.
–– (1906): A revision of the South-American cichlid genera *Retroculus, Geophagus, Heterogramma* and *Biotoecus.* Ann. Mag. nat. Hist. (7) *17:* 49–66.
–– (1906): A revision of the fishes of the South-American cichlid genera *Cichla, Chaetobranchus* and *Chaetobranchopsis,* with notes on the genera of American Cichlidae. Ann. Mag. nat. Hist. (7) *17:* 230–239.
–– (1908): Biologia Centrali-Americana. Pisces. London.
Rogers. W. (1981): Taxonomic Status of Cichlid Fishes of the Central American Genus *Neetroplus.* Copeia (2): 286–296.
Schmettkamp, W. (1980): Die Gattung *Uaru* HECKEL, 1840. DCG-Info *11* (6): 105–114.
–– (1981): *Apistogramma* (!) spec.: Der Glanzbinden-*Apistogramma.* DCG-Info *12* (8): 149–150.
–– (1982): Die Zwergcichliden Südamerikas. Landbuch, Hannover, 176 pp.
Schultz, L. P. (1960): A review of the Pompadour or Discus fishes, genus *Symphysodon* of South America. TFH, *8* (10): 5–17.
Staeck, Wolfgang (1976): Drei wenig bekannte oder neue Zwergcichliden aus den Gattungen *Apistogramma, Apistogrammoides* und *Taeniacara.* Das Aquarium *10* (12): 542–546.
–– (1982): Segelflosser und Flaggenbuntbarsche – vor Ort beobachtet: Neue Erkenntnisse über ihre natürlichen Lebensräume. Aqu. Magazin, *16* (5): 290–293.
–– (1982): Handbuch der Cichlidenkunde. Franckh, Stuttgart, 200 pp.
–– (1983): Cichliden: Entdeckungen und Neuimporte. Engelbert Pfriem Verlag, Wuppertal. 351 pp.
–– (1984): Ein natürliches „Aquarium“: Beobachtungen am Rio Nututun in Mexiko. TI, No 65 (März): 5–7.
–– & Lothar Seegers (1984): Die Fische der Laguna Media Luna und der Laguna Los Anteojitos, Rio Verde, Mexiko: 3. Die Cichliden. DATZ, *37* (6): 204–209.
Stawikowski, Rainer (1983/84): Auf der Suche nach Majorras: Zum Cichlidenfang nach Mexiko, Teil 1–7. DATZ, *36* (8): 289–293; (9): 323–327; (10): 364–368; (11): 411–415; (12): 449–452; *37* (1): 9–13; (3): 87–91.
Taylor, J. N. & R. R. Miller (1980): Two new cichlid fishes, genus *Cichlasoma,* from Chiapas, Mexico. Occ. Pap. Mus. Zool. Univ. Mich. (693): 1–16.
–– (1983): Cichlid Fishes (Genus *Cichlasoma)* of the Rio Panuco Basin, Eastern Mexico, With Description of a New Species. Occ. Pap. Mus. Nat. Hist. (Univ. Kansas, Lawrence), No 104: 1–24.
Thorson, Thomas B., ed. (1976): Investigations of the Ichthyofauna of Nicaraguan Lakes. Univ. Nebraska, Lincoln. 663 pp.
Timms, A. M. & Keenleyside, M. H. A. (1975): The reproductive behaviour of *Aequidens paraguayensis.* Z. Tierpsychol. *39:* 8–23.
Tomey, W. A. (1983): Een onbekende *Crenicara?* Het Aquarium, No. 53: 174–178.
Villa, J. (1976): Systematic status of the cichlid fishes *Cichlasoma dorsatum, C. granadense* and *C. nigritum* Meek. In T. B. Thorson (ed.) Investigations of the ichthyofauna of Nicaraguan lakes. pp. 375–383.
Webber, R. G. W. Barlow & A. H. Brush (1973): Pigments of a Color Polymorphism in a Cichlid Fish. Comp. Biochem. Physiol., *44 B:* 1127–1135.
Werner, Uwe (1980): Ein Cichlide mit zwei Gesichtern – Sattelfleck-Buntbarsch, *Aequidens geayi.* Das Aquarium, *14* (7): 352–353.
–– (1984): Die „anderen“ Surinam-Perlfische (3). DCG-Info, *15* (2): 31–37.

Fotonachweis

Fotos Wolfgang Staeck

mit Ausnahme der Seiten

29, 33, 35, 37, 44, 52, 59, 61, 97, 108, 122 (Horst Linke);

103, 158 (L. Seegers);

95, 96 (I. C. Sellick);

9, 20, 21, 56, 88 (E. Sosna);

120 (R. Stawikowski);

62, 73, 77, 79, 101 (U. Werner).

Zeichnungen: H. Linke

Karten: G. Springer

K. H. Wieser

Mein Gartenteich

Mein Gartenteich

Ein Handbuch über Planung, Gestaltung und Pflege von Gartenteichen.

Dieses Tetra-Buch wurde von einem Praktiker für die Praxis geschrieben. Der Autor dieses Buches hat sich zur Aufgabe gemacht, detailliert alle notwendigen Schritte von der Planung bis zur Ausführung eines Gartenteiches aufzuzeichnen und dem zukünftigen Gartenteichbesitzer die für eine erfolgreiche Teichgestaltung erforderlichen Ratschläge zu geben.

112 Seiten, 78 Farbabbildungen, 42 zum Teil 4-farbige Zeichnungen.

Tetra

Fachliteratur aus dem Tetra-Verlag